Untersuchungen über die radioaktiven Substanzen von Marie Curie, übersetzt und mit Litteratur-Ergänzungen versehen von W. Kaufmann

Marie Curie

(Translator: Walter Kaufmann)

Alpha Editions

This edition published in 2022

ISBN : 9789356704596

Design and Setting By
Alpha Editions
www.alphaedis.com
Email - info@alphaedis.com

Einleitung.

Die vorliegende Arbeit bezweckt, eine Übersicht über die Untersuchungen an radioaktiven Substanzen zu geben, die ich seit mehr als vier Jahren ausführe. Der Ausgangspunkt war eine Untersuchung der von Herrn *Becquerel* entdeckten Uranstrahlen. Die Resultate, zu welchen diese Arbeit mich führte, schienen eine so interessante Perspektive zu eröffnen, daß Herr *Curie*, unter Aufgabe seiner eigenen Arbeiten, sich mit mir vereinigte und wir gemeinsam auf das Ziel hinarbeiteten, die neuen radioaktiven Substanzen zu extrahiren und näher zu erforschen.

Von Anfang unserer Untersuchungen an hielten wir uns für verpflichtet, Proben der von uns entdeckten und hergestellten Substanzen an einige Physiker zu verleihen, vor allen Dingen an Herrn *Becquerel*, den Entdecker der Uranstrahlen. So haben wir selbst die Untersuchungen andrer über die radioaktiven Substanzen erleichtert. Bald nach unsren ersten Veröffentlichungen befaßte sich auch Herr *Giesel* in Deutschland mit der Herstellung dieser Substanzen und verlieh ebenfalls Proben davon an mehrere deutsche Physiker. Später wurden die Substanzen in Deutschland und Frankreich in den Handel gebracht und die immer mehr zunehmende Wichtigkeit des Gegenstandes wurde die Veranlassung zu einer wissenschaftlichen Bewegung, so daß zahlreiche Arbeiten über die radioaktiven Körper erschienen sind und noch fortwährend erscheinen, vor allem im Ausland. Die verschiedenen französischen und ausländischen Arbeiten führen natürlich zum Teil zu gleichen Resultaten, wie bei jedem neuen und in Bildung begriffenen Wissenszweig. Das Aussehen der Frage ändert sich sozusagen von Tag zu Tag.

Vom chemischen Standpunkt aus ist jedoch ein Punkt definitiv gesichert: **Die Existenz eines neuen stark radioaktiven Elements, des Radiums.** Die Herstellung des reinen Radiumchlorids und die Bestimmung des Atomgewichts des Radiums bilden den wichtigsten Teil meiner persönlichen Mitarbeit. Diese Arbeit fügt nicht nur den bisher bekannten einfachen Körpern mit Sicherheit einen neuen von sehr merkwürdigen Eigenschaften hinzu, sondern enthält auch die Darlegung und Rechtfertigung einer neuen Methode chemischer Untersuchungen. Diese auf der Radioaktivität, als einer dem Atom anhaftenden Eigenschaft, beruhende Methode ist es, die uns, Herrn *Curie* und mir, die Entdeckung des Radiums ermöglichte.

Während vom chemischen Standpunkte aus die ursprünglich gestellte Frage als gelöst betrachtet werden kann, ist die Untersuchung der physikalischen Eigenschaften der radioaktiven Substanzen in voller Entwicklung begriffen. Gewisse wichtige Punkte stehen zwar bereits fest, aber eine große Anzahl von Schlüssen ist noch provisorischer Natur. Dies ist durchaus erklärlich, wenn man die Komplicirtheit der mit der Radioaktivität zusammenhängenden Phänomene und die Unterschiede zwischen den verschiedenen radioaktiven Substanzen bedenkt. Die Untersuchungen verschiedener Physiker, die sich mit diesen Substanzen beschäftigen, begegnen und durchkreuzen sich fortwährend. Wenn ich auch versuchen werde, mich auf das eigentliche Ziel meiner Arbeit zu beschränken und vor allem meine eigenen Untersuchungen darzulegen, so muß ich doch gleichzeitig die Resultate andrer Arbeiten mitteilen, deren Kenntniß unerläßlich ist.

Außerdem hatte ich den Wunsch, diese Arbeit zu einer Übersicht des gegenwärtigen Standes der Frage zu gestalten.

Die Ausführung dieser Untersuchungen geschah in dem Laboratorium der »École de physique et de chimie industrielles de la ville de Paris«, mit Erlaubniß von Herrn *Schützenberger*, dem leider verstorbenen Direktor dieser Schule, und von Herrn *Lauth*, dem gegenwärtigen Direktor. Für die wohlwollende Gastfreundschaft, die ich an dieser Anstalt genossen habe, spreche ich hierdurch meinen besten Dank aus.

Historische Übersicht.

Die Entdeckung der Erscheinung der Radioaktivität steht in engem Zusammenhang mit den an die Entdeckung der Röntgenstrahlen sich anschließenden Untersuchungen über die photographischen Wirkungen der phosphorescirenden und fluorescirenden Substanzen.

Die ersten Röntgenröhren besaßen keine metallische Antikathode; die Quelle der Röntgenstrahlen befand sich auf der von den Kathodenstrahlen getroffenen Glaswand; gleichzeitig geriet diese Glaswand in den Zustand lebhafter Fluorescenz. Man konnte sich damals fragen, ob die Emission der Röntgenstrahlen nicht eine notwendige Begleiterscheinung der Fluorescenz wäre, unabhängig von der Ursache der letzteren. Diese Idee ist zuerst von Herrn H. *Poincaré*[1] ausgesprochen worden. Kurze Zeit darauf kündigte Herr *Henry*[2] an, daß er mit phosphorescirendem Zinksulfid photographische Wirkungen durch schwarzes Papier hindurch erhalten habe. Herr *Niewenglowski*[3] erhielt dieselbe Erscheinung mit belichtetem Calciumsulfid. Endlich erhielt Herr *Troost*[4] kräftige photographische Wirkungen mit künstlich hergestellter, phosphorescirender, hexagonaler Blende und zwar durch schwarzes Papier und dicken Carton hindurch.

Die soeben citirten Experimente konnten trotz zahlreicher darauf gerichteter Bemühungen nicht wiederholt werden. Man kann also durchaus noch nicht als ausgemacht ansehen, daß das Zinksulfid und Calciumsulfid die Eigenschaft haben, unter der Einwirkung des Lichts unsichtbare Strahlen auszusenden, die schwarzes Papier durchdringen und auf die photographische Platte wirken.

Herr *Becquerel*[5-10] machte ähnliche Versuche mit Uransalzen, von denen einige fluorescirend sind. Er erhielt starke photographische Wirkungen mit Urankaliumsulfat durch schwarzes Papier hindurch.

Becquerel glaubte zuerst, daß das fluorescirende Salz sich ähnlich verhalte wie das Zink- und Calciumsulfid in den Versuchen von *Henry*, *Niewenglowski* und *Troost*. Aber die weiteren Versuche zeigten, daß das beobachtete Phänomen mit der Fluorescenz nichts zu tun hatte. Das Salz braucht durchaus nicht belichtet zu sein; ferner wirken das Uran und alle seine Verbindungen, ob fluorescirend oder nicht, in gleicher Weise, und das metallische Uran am allerstärksten. *Becquerel* fand sodann, daß die Uranverbindungen, auch wenn man sie in vollkommener Dunkelheit aufbewahrt, jahrelang fortfahren, auf die photographische Platte durch schwarzes Papier hindurch zu wirken. Er nahm an, daß das Uran und seine Verbindungen besondere Strahlen aussenden: Die **Uranstrahlen**. Er stellte fest, daß diese Strahlen durch dünne Metallschirme hindurchgehen und elektrisirte Körper entladen. Er machte ferner Versuche, aus denen er schloß, daß die Uranstrahlen reflektirt, gebrochen und polarisirt werden können.

Die Arbeiten anderer Physiker (*Elster* und *Geitel*, Lord *Kelvin*, *Schmidt*, *Rutherford*, *Beattie* und *Smoluchowski*) haben die Resultate *Becquerel*s bestätigt und erweitert, abgesehen von der Reflexion, der Brechung und Polarisation der Uranstrahlen, die sich in dieser Beziehung wie die Röntgenstrahlen verhalten; eine Tatsache, die zuerst von *Rutherford* und später von *Becquerel* selbst erkannt wurde.

Erstes Kapitel. Radioaktivität des Uraniums und Thoriums. Radioaktive Mineralien.

a) Becquerelstrahlen.

Die von Herrn *Becquerel* entdeckten **Uranstrahlen** wirken auf gegen Licht geschützte photographische Platten; sie können alle festen, flüssigen und gasförmigen Körper durchdringen, vorausgesetzt, daß ihre Dicke genügend gering ist; die durchstrahlten Gase machen sie zu schwachen Leitern der Elektrizität[5-10].

Diese Eigenschaften der Uranverbindungen entspringen keiner bekannten erregenden Ursache. Die Strahlung scheint selbsttätig zu sein, ihre Intensität nimmt durchaus nicht ab, wenn man die Uranverbindungen jahrelang in völliger Dunkelheit aufbewahrt; es handelt sich also nicht etwa um eine besondere vom Licht verursachte Phosphorescenz. Die Selbständigkeit und Konstanz der Uranstrahlen stellen eine ganz außergewöhnliche physikalische Erscheinung dar. Herr *Becquerel*[11] hat jahrelang ein Stück Uran in der Dunkelheit aufbewahrt und festgestellt, daß die Wirkung auf die photographische Platte am Schlusse dieser Zeit nicht merklich verändert war. Die Herren *Elster* und *Geitel*[12] haben einen ähnlichen Versuch gemacht und in gleicher Weise die Konstanz der Wirkung gefunden.

Ich habe die Intensität der Uranstrahlen mittels der Leitfähigkeit der Luft gemessen. Die Methode der Messungen wird weiter unten auseinander gesetzt werden. Die erhaltenen Zahlen beweisen die Konstanz der Strahlung innerhalb der Genauigkeitsgrenzen der Versuche, d. h. auf 2 bis 3 Proz.[13]

Zu diesen Messungen wurde eine Metallplatte benutzt, die mit einer Schicht von Uranpulver bedeckt war. Die Platte wurde nicht in der Dunkelheit aufbewahrt, da dies nach den oben angeführten Beobachtungen ohne Einfluß ist. Die Zahl der mit dieser Platte ausgeführten Beobachtungen ist sehr groß und erstreckt sich gegenwärtig auf einen Zeitraum von fünf Jahren.

Ferner untersuchte ich, ob auch irgend welche andre Substanzen sich ebenso wie die Uranverbindungen verhalten. Herr *Schmidt*[14] veröffentlichte zuerst, daß das Thor und seine Verbindungen die gleiche Eigenschaft haben; eine analoge und gleichzeitige Arbeit von mir ergab dasselbe Resultat. Ich[15] habe diese Arbeit publicirt, noch bevor ich Kenntniß von der *Schmidt*schen Veröffentlichung hatte.

Das Uran, das Thor und ihre Verbindungen emittiren also **Becquerelstrahlen**. Ich habe die Substanzen, die eine derartige Strahlung aussenden, **radioaktiv** genannt[16], ein Name, der seitdem allgemein angenommen worden ist.

Durch ihre photographischen und elektrischen Wirkungen sind die Becquerelstrahlen den Röntgenstrahlen verwandt; sie haben auch, wie die letzteren, die Fähigkeit, alle Körper zu durchdringen, aber ihr

Durchdringungsvermögen ist außerordentlich verschieden; die Uran- und Thorstrahlen werden von Millimetern eines festen Körpers aufgehalten und können sich in Luft nicht weiter als auf einige Centimeter fortpflanzen; wenigstens gilt dies für den größten Teil der Strahlung.

Die Arbeiten verschiedener Physiker, vor allem diejenigen von Herrn *Rutherford*[17], haben gezeigt, daß die Becquerelstrahlen einer regulären Reflexion, Brechung oder Polarisation nicht fähig sind.

Das schwache Durchdringungsvermögen der Uran- und Thorstrahlen konnte dazu führen, sie eher mit den sekundären Röntgenstrahlen, die von *Sagnac*[18-21] näher untersucht sind, als mit den Röntgenstrahlen selbst zu vergleichen. Andrerseits kann man versuchen, die Becquerelstrahlen den in Luft sich fortpflanzenden Kathodenstrahlen (*Lenardstrahlen*) zur Seite zu stellen. Man weiß heute, daß diese verschiedenen Vergleiche alle ihre Berechtigung haben.

b) Messung der Strahlungsintensität.

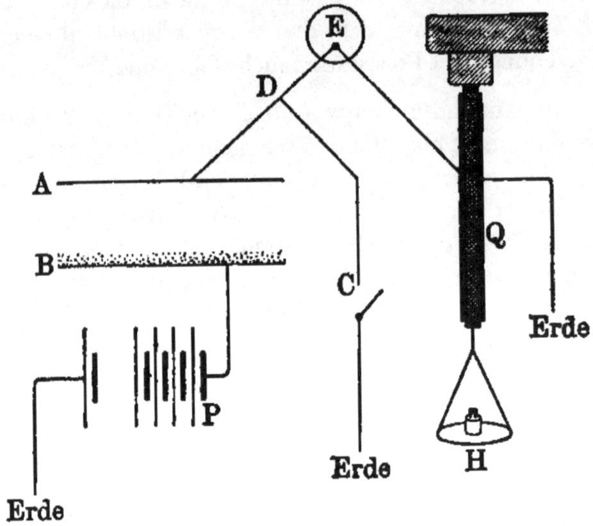

Fig. 1

Die benutzte Methode besteht in der Messung der Leitfähigkeit der Luft unter der Einwirkung der radioaktiven Substanzen. Diese Methode hat den Vorteil, schnell zu sein und vergleichbare Zahlen zu liefern. Der benutzte Apparat besteht im wesentlichen aus einem Plattenkondensator *AB* (Fig. 1). Die fein pulverisirte aktive Substanz ist auf der Platte *B* ausgebreitet und macht die Luft zwischen den Platten leitend. Um diese Leitfähigkeit zu messen, bringt man die Platte *B* auf ein hohes Potential, indem man sie mit dem einen Pol einer kleinen Akkumulatorenbatterie *P* verbindet, deren andrer Pol an Erde liegt. Da die Platte *A* durch den Draht *GD* an Erde gelegt ist, so entsteht ein elektrischer Strom zwischen den Platten. Das Potential der Platte *A* wird durch ein Elektrometer *E* gemessen. Unterbricht man in *C* die Verbindung mit der Erde, so ladet sich die Platte *A* und die Ladung bewirkt eine Ablenkung des Elektrometers. Die Geschwindigkeit der Ablenkung ist proportional der Stromintensität und kann zu ihrer Messung dienen.

Es ist jedoch vorzuziehen, bei Ausführung der Messung die Ladung der Platte *A* zu kompensiren, so daß man das Elektrometer auf Null erhält. Die hier in Frage kommenden Ladungen sind außerordentlich schwach, sie können mit Hülfe eines piezoelektrischen Quarzes *Q* kompensirt werden, dessen eine Belegung mit A, die andre mit der Erde verbunden ist. Man unterwirft die Quarzplatte einer Zugkraft von bekannter Größe durch Aufsetzen von Gewichten auf eine Schale H: diese Zugkraft wird allmählich hervorgebracht und bewirkt eine allmähliche Entwicklung einer bekannten Elektrizitätsmenge während der Dauer der Messung. Der Vorgang kann derart regulirt werden, daß in jedem Augenblick eine Kompensation stattfindet zwischen der den Kondensator durchfließenden und der entgegengesetzten vom Quarz herrührenden Elektrizitätsmenge.[1]

Man kann so in absolutem Maße die während einer gegebenen Zeit den Kondensator durchfließende Elektrizitätsmenge, d. h. die Stromintensität, messen. Die Messung ist unabhängig von der Empfindlichkeit des Elektrometers.

Wenn man eine gewisse Anzahl derartiger Messungen ausführt, so sieht man, daß die Radioaktivität ein ziemlich genau meßbares Phänomen ist. Sie variirt wenig mit der Temperatur und wird kaum von den Schwankungen der Zimmertemperatur beeinflußt; auch eine Belichtung der aktiven Substanz ist ohne Einfluß. Die Stromintensität zwischen den Kondensatorplatten wächst mit deren Oberfläche; für einen gegebenen Kondensator und gegebene Substanz wächst der Strom mit der Potentialdifferenz zwischen den Platten, mit dem Druck des Gases, das den Kondensator erfüllt, und mit dem Abstand der Platten (vorausgesetzt, daß dieser Abstand nicht gar zu groß im Verhältniß zum Durchmesser ist). Jedoch strebt der Strom für sehr hohe Potentialdifferenz einem praktisch konstanten Grenzwert zu. Dies ist der **Sättigungs-** oder **Grenzstrom.** Ferner variirt von einem gewissen ziemlich großen Abstand der Platten ab der Strom kaum mehr mit dem Abstand. Der unter diesen Bedingungen erhaltene Strom ist es, der bei meinen Untersuchungen als Maß der Radioaktivität genommen wurde, wenn sich der Kondensator in Luft von Atmosphärendruck befand.

Ich gebe als Beispiel einige Kurven, die die Stromstärke als Funktion des mittleren Feldes zwischen den Platten für zwei verschiedene Plattenabstände darstellen. Platte B war mit einer sehr dünnen Schicht pulverisirten Uranmetalls bedeckt; die mit dem Elektrometer verbundene Platte A war mit einem Schutzring versehen.

Fig. 2.

Starke Felder

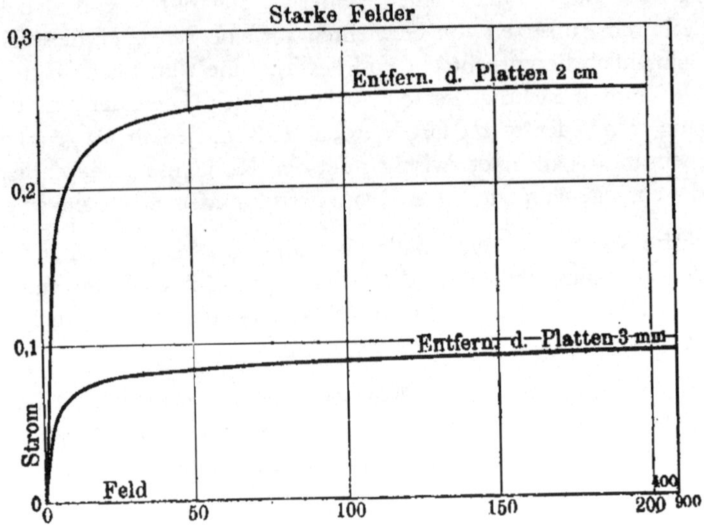

Fig. 2

Fig. 2 zeigt, daß die Stromintensität für starke Potentialdifferenzen zwischen den Platten konstant wird. Fig. 3 stellt dieselbe Kurve in einem anderen Maßstabe dar und enthält bloß die Resultate für schwache Potentialdifferenzen; der Quotient aus Stromstärke und Potentialdifferenz ist für schwache Spannungen konstant und stellt die Initialleitfähigkeit zwischen den Platten dar. Man kann also zwei wichtige charakteristische Konstanten dieses Phänomens unterscheiden: 1. Die **Initialleitfähigkeit** für schwache Potentialdifferenzen, 2. den **Grenzstrom** für starke Potentialdifferenzen. Dieser Grenzstrom ist es, der als Maß für die Radioaktivität angenommen wurde.

Außer der zwischen den Platten besonders hergestellten Potentialdifferenz existirt zwischen ihnen noch eine Kontaktkraft, und die Wirkungen dieser beiden Stromursachen addiren sich; infolgedessen ändert sich der Absolutwert des Stromes mit dem Vorzeichen der äußeren Potentialdifferenz. Jedoch ist für hohe Spannungen der Einfluß der Kontaktkraft zu vernachlässigen und die Stromstärke unabhängig von dem Vorzeichen des Feldes zwischen den Platten.

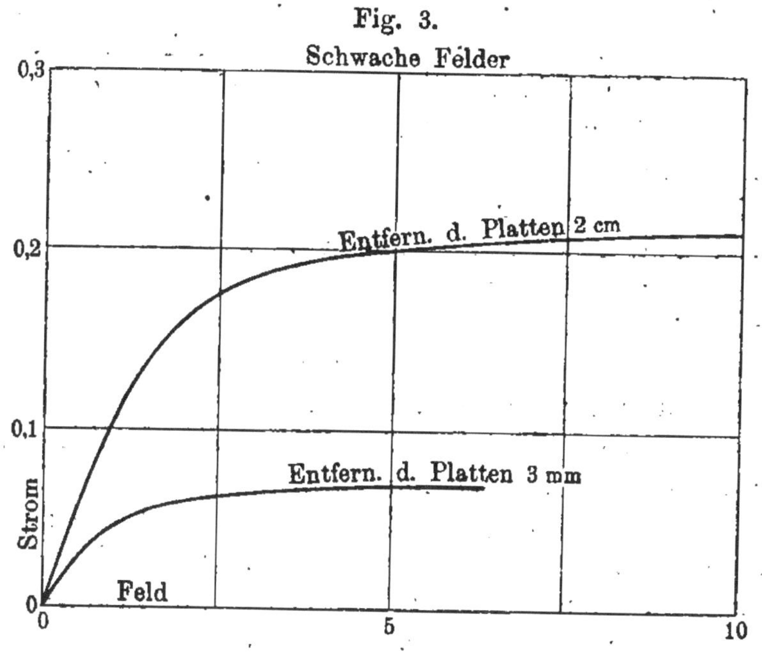

Fig. 3

Die Leitfähigkeit der Luft und andrer Gase unter der Einwirkung der Becquerelstrahlen ist von mehreren Physikern studirt worden.[22-24] Eine sehr vollständige Untersuchung des Gegenstandes veröffentlichte Herr *Rutherford*.[17] Die Gesetze der in Gasen durch Becquerelstrahlen hervorgerufenen Leitfähigkeit sind dieselben wie die bei Röntgenstrahlung gefundenen. Der Mechanismus der Erscheinung scheint in beiden Fällen derselbe zu sein. Die Theorie der Ionisation der Gase unter der Wirkung der Röntgen- oder Becquerelstrahlung giebt sehr guten Aufschluß über die beobachteten Tatsachen. Diese Theorie soll hier nicht weiter erörtert werden; ich erinnere nur an die Resultate, zu denen sie führt:

1. Die Zahl der pro Sekunde im Gase producirten Ionen wird proportional gesetzt der im Gase absorbirten Strahlungsenergie.
2. Um den einer bestimmten Strahlung entsprechenden Grenzstrom zu erhalten, muß man einerseits diese Strahlung vom Gase vollständig absorbiren lassen, indem man einen genügend große absorbirende Masse benutzt; andrerseits muß man zur Hervorbringung des Stromes alle erzeugten Ionen benutzen, indem man ein so starkes Feld herstellt, daß die Zahl der sich wieder vereinigenden Ionen nur einen unwesentlichen Bruchteil der in derselben Zeit erzeugten Gesamtzahl von Ionen beträgt, und diese

fast vollständig von dem Strom zu den Elektroden geführt werden. Das hierzu nötige elektrische Feld ist um so höher, je stärker die Ionisation.

Nach neueren Untersuchungen von Herrn *Townsend*[25] ist das Phänomen bei schwachem Gasdruck komplicirter. Der Strom scheint zuerst bei wachsender Potentialdifferenz einem konstanten Grenzwert zuzustreben, aber von einer gewissen Potentialdifferenz an beginnt der Strom wieder mit dem Felde zu wachsen und zwar äußerst schnell. Herr *Townsend* nimmt an, daß dieses Anwachsen von einer neuen Ionisation herrührt, die von den Ionen selbst erzeugt wird, wenn sie unter der Einwirkung des elektrischen Feldes eine genügend große Geschwindigkeit annehmen, damit ein Gasmolekül, wenn es von diesen Geschossen getroffen wird, zerbrochen und in die Ionen, aus denen es besteht, zerteilt wird. Ein starkes elektrisches Feld und schwacher Druck begünstigen diese Ionisation durch die schon vorhandenen Ionen, und sobald dies eintritt, wächst die Stromstärke dauernd mit dem mittleren Felde zwischen den Platten. Der Grenzstrom kann also nur erhalten werden, wenn die ionisirende Ursache einen gewissen Wert nicht überschreitet, so daß die Sättigung bereits bei Feldern erreicht wird, bei denen die Ionisation durch Ionenstoß noch nicht stattgefunden hat. Diese Bedingung ist bei meinen Versuchen erfüllt.

Die Größenordnung des Sättigungsstromes, den man mit Uranverbindungen erhält, beträgt etwa 10^{-11} Ampère für einen Kondensator, dessen Platten 8 cm Durchmesser und 3 cm Abstand haben. Die Thoriumverbindungen geben Ströme von derselben Größenordnung und die Aktivitäten der Oxyde von Uran und Thor sind ganz analog.

c) Radioaktivität der Uran- und Thorverbindungen.

Es folgen zunächst einige Zahlen, die ich mit verschiedenen Uranverbindungen erhalten habe; *i* bedeutet die Stromstärke in Ampère:

	$i \cdot 10^{11}$
Metallisches Uran (etwas kohlehaltig)	2,3
Schwarzes Uranoxyd, U_2O_5	2,6
Grünes Uranoxyd, U_2O_4	1,8
Uransäurehydrat	0,6
Natriumuranat	1,2
Kaliumuranat	1,2
Ammoniumuranat	1,3
Uranosulfat	0,7
Urankaliumsulfat	0,7
Uranylnitrat	0,7
Urankupferphosphat	0,9
Uranylsulfat	1,2

Die Dicke der angewandten Schicht von Uranverbindungen hat wenig Einfluß, vorausgesetzt, daß die Schicht zusammenhängend ist. Einige Versuche hierüber ergaben:

	Schichtdicke (mm)	$i \cdot 10^{11}$
Uranoxyd	0,5	2,7
„	3,0	3,0
Ammoniumuranat	0,5	1,3
„	3,0	3,0

Man kann hieraus schließen, daß die Absorption der Uranstrahlen durch die emittirende Substanz sehr stark ist, da die aus tieferen Schichten kommenden Strahlen keinen merklichen Effekt hervorbringen.

Aus den Zahlen, die ich[15] mit Thorverbindungen erhalten habe, ergab sich folgendes:

1. Die Dicke der angewandten Schicht ist von beträchtlichem Einfluß, besonders beim Oxyd.
2. Das Phänomen ist nur dann regelmäßig, wenn man eine sehr dünne aktive Schicht benutzt (z. B. 0,25 mm). Wenn man dagegen eine dicke Schicht (6 mm) benutzt, so erhält man zwischen weiten Grenzen schwankende Zahlen, besonders im Falle des Oxyds:

	Schichtdicke (mm)	**$i \cdot 10^{11}$**
Thoroxyd	0,25	2,2
„	0,5	2,5
„	2,5	4,7
„	3,0	5,5 im Mittel
„	6,0	5,5 „ „
Thorsulfat	0,25	0,8

Es ist hier also eine Ursache zu Unregelmäßigkeiten vorhanden, die bei den Uranverbindungen nicht existirt. Die mit einer Oxydschicht von 6 mm erhaltenen Zahlen variiren zwischen 3,7 und 7,3.

Die Untersuchungen, die ich über die Absorption der Uran- und Thorstrahlen angestellt habe, ergaben, daß die Thorstrahlen ein größeres Durchdringungsvermögen besitzen als die Uranstrahlen, und daß die vom Thoroxyd in dicker Schicht emittirten Strahlen durchdringender sind als diejenigen, die es in dünner Schicht emittirt. Es wurden z. B. folgende Zahlen für den Bruchteil der Strahlung erhalten, den ein Aluminiumblatt von 0,01 mm Dicke hindurchläßt:

Strahlende Substanz	**Vom Aluminium durchgelassener Bruchteil der Strahlung**
Uran	0,18
Uranoxyd, U_2O_5	0,20
Ammoniumuranat	0,20

Strahlende Substanz	Vom Aluminium durchgelassener Bruchteil der Strahlung
Urankupfersulfat	0,21
Thoroxyd, 0,25 mm dick	0,38
Thoroxyd, 0,5 mm dick	0,47
Thoroxyd, 3,0 mm dick	0,70
Thoroxyd, 6,0 mm dick	0,70
Thorsulfat, 0,25 mm dick	0,38

Bei den Uranverbindungen ist die Absorption dieselbe, welches auch immer die benutzte Verbindung sei, woraus der Schluß zu ziehen ist, daß die von den verschiedenen Verbindungen emittirten Strahlen von gleicher Art sind.

Die Eigentümlichkeiten der Thorstrahlung sind bereits Gegenstand sehr ausführlicher Untersuchungen gewesen. Herr *Owens*[26] hat gezeigt, daß man einen konstanten Strom in einem geschlossenen Apparat erst nach ziemlich langer Zeit erhält, und daß die Stromstärke sehr stark durch die Wirkung eines Luftstroms reducirt wird (was bei den Uranverbindungen nicht der Fall ist). Herr *Rutherford*[27] hat analoge Versuche gemacht und sie dahin interpretirt, daß das Thor und seine Verbindungen nicht bloß Becquerelstrahlen aussenden, sondern auch eine aus außerordentlich feinen Partikeln bestehende Emanation, die einige Zeit lang nach ihrer Emission radioaktiv bleibt und von einem Luftstrom mit fortbewegt werden kann.

Die Eigentümlichkeiten der Thorstrahlung, die sich auf die Schichtdicke und die Wirkung eines Luftstromes beziehen, sind eng verbunden mit der **Erscheinung der inducirten Radioaktivität und ihrer Fortpflanzung von Schicht zu Schicht**. Diese Erscheinung ist zuerst am Radium beobachtet worden und soll weiter unten beschrieben werden.

Die Radioaktivität der Uran- und Thorverbindungen stellt eine **Eigenschaft der Atome** dar. Herr *Becquerel*[10] beobachtete bereits, daß alle Verbindungen des Urans aktiv sind, und schloß daraus, daß ihre Aktivität durch die Gegenwart des Elements Uran bedingt sei; er zeigte ferner, daß das Uran stärker aktiv ist als seine Salze. Ich habe von diesem Gesichtspunkt aus die

Uran- und Thorverbindungen untersucht und eine große Anzahl von Messungen ihrer Aktivität unter verschiedenen Bedingungen ausgeführt. Es folgt aus allen diesen Messungen, daß die Radioaktivität dieser Substanzen tatsächlich eine Eigenschaft des Atoms ist. Sie scheint hier eng verknüpft mit der Anwesenheit der Atome der beiden betrachteten Elemente und wird weder durch Änderung des physikalischen Zustandes, noch durch chemische Umwandlungen zerstört. Die chemischen Verbindungen und Mischungen, welche Uran und Thor enthalten, sind um so aktiver, je mehr sie von diesen Metallen enthalten, indem jede unaktive Substanz einerseits als träge Beimengung wirkt, andrerseits einen Teil der Strahlung absorbirt.

d) Ist die Radioaktivität der Atome eine allgemeine Erscheinung?

Wie bereits oben gesagt, habe ich danach gesucht, ob andre Substanzen außer den Uran- und Thorverbindungen aktiv wären. Ich ging bei diesen Untersuchungen von der Idee aus, daß es sehr wenig wahrscheinlich sei, daß die Radioaktivität als Eigenschaft der Atome betrachtet, nur einer bestimmten Art von Materie zukomme, unter Ausschluß aller übrigen. Die Messungen, die ich gemacht habe, erlaubten den Schluß, daß für die augenblicklich bekannten chemischen Elemente, incl. die allerseltensten und unsichersten, die von mir studirten Verbindungen wenigstens 100mal weniger aktiv in meinem Apparat wären als das metallische Uran. Von den bekannteren Elementen habe ich verschiedene Verbindungen untersucht, von den seltenen Körpern nur diejenigen Verbindungen, die ich mir gerade verschaffen konnte. Folgendes ist die Liste der Substanzen, die ich als Element oder in Verbindung untersucht habe:

1. Alle Metalle und Nichtmetalle, die leicht erhältlich sind, und einige seltenere in ziemlich reinem Zustand aus der Sammlung von Herrn *Etard* an der »École de physique et de chimie industrielles de la ville de Paris«.
2. Die folgenden seltenen Körper: Gallium, Germanium, Neodym, Praseodym, Niobium, Skandium, Gadolinium, Erbium, Samarium und Rubidium (von Herrn *Demarçay* geliehen); Yttrium, Ytterbium mit Neoerbium (von Herrn *Urbain* geliehen).[2]
3. Eine große Anzahl von Gesteinen und Mineralien.

Innerhalb der Empfindlichkeitsgrenze meines Apparates habe ich außer dem Uran und Thor keinen einfachen Körper gefunden, dessen Atome radioaktiv sind.[3]

Ich muß hier jedoch einige Worte bezüglich des Phosphors einfügen. Feuchter weißer Phosphor, zwischen die Kondensatorplatten gebracht, macht die Luft zwischen den Platten leitend.[28] Gleichwohl betrachte ich diesen Körper nicht als radioaktiv nach Art des Urans und Thors. Der Phosphor oxydirt sich nämlich hierbei und sendet Licht aus, während die Uran- und Thorverbindungen radioaktiv sind, ohne eine chemische Änderung zu erfahren, die mit den bekannten Mitteln nachweisbar wäre. Ferner ist der Phosphor weder in seiner roten Modifikation, noch in Verbindungen aktiv.

In einer neuen Arbeit hat Herr *Bloch*[29] gezeigt, daß der Phosphor, wenn er sich an der Luft oxydirt, Ionen erzeugt, die sehr schwach beweglich sind, die Luft leitend machen und Kondensation des Wasserdampfes hervorrufen.

Uran und Thor sind die beiden Elemente des größten Atomgewichts (240 und 232), man findet sie häufig in denselben Mineralien.

e) Radioaktive Mineralien.

Ich habe in meinem Apparat verschiedene Mineralien untersucht.[4]

Mehrere davon zeigten sich aktiv, z. B. die Pechblende, der Chalkolit, Autunit, Monazit, Thorit, Orangit, Fergusonit, Cleveit usw. Die folgende Tabelle enthält die Intensität *i* des mit metallischem Uran und mit verschiedenen Mineralien erhaltenen Stromes in Ampere:

	$i \cdot 10^{11}$
Uran	7,3
Pechblende aus Johanngeorgenstadt	8,3
Pechblende aus Joachimsthal	7,0
Pechblende aus Pzibram	6,5
Pechblende aus Cornwallis	1,6
Cleveit	1,4
Chalcolit	5,2
Autunit	2,7
Verschiedene Thorite	0,1 0,3 0,7 1,5 1,4
Orangit	2,0
Monazit	0,5
Xenotim	0,03
Äschynit	0,7
Fergusonit (zwei Proben)	0,4 0,1
Samarskit	1,1
Niobit (zwei Proben)	0,1 0,3
Tantalit	0,02
Carnotit	6,2

Carnotit ist ein neuerdings von *Friedel* und *Cumenge* entdecktes, aus Uranvanadat bestehendes Mineral. Der mit Orangit (einem Thoroxydhaltigen Mineral) erhaltene Strom variirt stark mit der angewandten Schichtdicke; vermehrte man diese Dicke von 0,25 bis 6 mm, so wuchs der Strom von 1,8 auf 2,7.

Alle Mineralien, die sich radioaktiv zeigen, enthalten Uran oder Thor, ihre Aktivität ist also nicht weiter erstaunlich, doch ist die Intensität der Erscheinung bei gewissen Materialien unerwartet groß. So findet man Pechblenden (uranoxydhaltiges Mineral), die viermal aktiver sind als metallisches Uran. Chalkolit (krystallisirtes Urankupferphosphat) ist zweimal aktiver als Uran. Autunit (Urancalciumphosphat) ist ebenso aktiv wie Uran. Diese Tatsachen waren in Widerspruch mit den früheren Betrachtungen, nach denen kein Mineral stärker aktiv hätte sein dürfen als Uran oder Thor.

Um diesen Punkt aufzuklären, habe ich nach dem *Debray*schen([30], p. 445) Verfahren künstlichen Chalkolit hergestellt unter Benutzung reiner Ausgangssubstanzen. Dieses Verfahren besteht in der Mischung einer Lösung von Urannitrat mit einer Lösung von Kupferphosphat in Phosphorsäure und Erhitzung auf 50 bis 60 Grad. Nach einiger Zeit bilden sich die Chalkolitkrystalle in der Flüssigkeit.

Der so erhaltene Chalkolit besitzt eine durchaus normale, seiner Zusammensetzung entsprechende Aktivität; sie ist 2,5 mal kleiner als die des Urans.

Es wurde hiernach sehr wahrscheinlich, daß die Pechblende, der Chalkolit, der Autunit ihre starke Aktivität einer kleinen Quantität beigemengter stark aktiver Substanz verdanken, die verschieden ist vom Uran, vom Thor und den überhaupt bekannten einfachen Körpern. Wenn sich dies wirklich so verhielte, glaubte ich, hoffen zu dürfen, diese Substanz mittels gewöhnlicher chemisch analytischer Verfahren aus dem Mineral extrahiren zu können.

Zweites Kapitel. Die neuen radioaktiven Substanzen.

a) Untersuchungsmethoden.

Die Resultate der Untersuchungen radioaktiver Mineralien, die im vorigen Kapitel erörtert wurden, veranlaßten Herrn Curie und mich zu dem Versuche, aus der Pechblende eine neue radioaktive Substanz zu extrahiren. Als Untersuchungsmethode konnten wir uns nur der Radioaktivität selbst bedienen, da wir kein andres Merkmal der hypothetischen Substanz kannten. In folgender Weise kann man die Radioaktivität für eine derartige Untersuchung benutzen: Man mißt die Aktivität eines Produkts und führt dann mit ihm eine chemische Trennung aus; man mißt die Aktivität aller hierbei erhaltenen Produkte und stellt fest, ob die radioaktive Substanz völlig in einem davon geblieben ist, oder ob sie sich in irgend einem Verhältnisse zwischen ihnen geteilt hat. Auf diese Weise hat man ein Erkennungsmittel, das in mancher Hinsicht mit der Spektralanalyse verglichen werden kann. Um vergleichbare Zahlen zu erhalten, muß man die Aktivität der Substanzen im festen und gut getrockneten Zustande untersuchen.

b) Polonium, Radium, Aktinium.

Die Analyse der Pechblende führte uns unter Anwendung der eben erörterten Methode zu der Feststellung der Existenz zweier chemisch verschiedener, stark aktiver Substanzen in diesem Mineral, des **Poloniums**, das wir allein, und des **Radiums**, das wir zusammen mit Herrn *Bémont* entdeckt haben.[15,31]

Das **Polonium** ist eine dem Wismut in chemisch analytischer Beziehung verwandte Substanz und begleitet dieses bei den Trennungen. Man erhält ein immer Polonium-reicheres Wismut durch eins der folgenden Fraktionirungsverfahren:

1. Sublimation der Sulfide im Vakuum; das aktive Sulfid ist flüchtiger als das des Wismuts.
2. Ausfällung der salpetersauren Lösung mit Wasser; das niedergeschlagene Subnitrat ist viel aktiver als das gelöst zurückbleibende Salz.
3. Ausfällung einer sehr stark sauren Chloridlösung mit Schwefelwasserstoff. Die niedergeschlagenen Sulfide sind bedeutend aktiver als das gelöst zurückbleibende Salz.

Das **Radium** ist eine Substanz, die das aus der Pechblende extrahirte Baryum begleitet; es folgt dem Baryum in seinen Reaktionen und läßt sich von ihm durch den Löslichkeitsunterschied der Chloride in Wasser, alkoholhaltigem Wasser oder mit Salzsäure versetztem Wasser trennen. Wir bewirkten die Trennung der Chloride von Baryum und Radium, indem wir ihr Gemenge einer fraktionirten Krystallisation unterwarfen, wobei das Radiumchlorid weniger löslich war als das Baryumchlorid.

Eine dritte stark radioaktive Substanz ist von Herrn *Debierne*[32,33] in der Pechblende festgestellt und von ihm als **Aktinium** bezeichnet worden. Das Aktinium begleitet gewisse in der Pechblende enthaltene Körper der Eisengruppe. Es scheint hauptsächlich dem Thorium verwandt, von dem es noch nicht getrennt werden konnte. Die Extraktion des Aktiniums aus der Pechblende ist eine sehr heikle Arbeit; die Trennungen sind im allgemeinen unvollständig.

Alle drei neuen radioaktiven Substanzen finden sich in der Pechblende nur in ganz verschwindend kleiner Menge. Um sie in konzentrirtem Zustande zu erhalten, mußten wir die Behandlung von mehreren Tonnen Uranmineralrückständen unternehmen. Im Groben geschieht die Behandlung in einer Fabrik; hierauf folgt ein umständliches Reinigungs- und Koncentrirungsverfahren. So kommen wir dazu, aus den Tausenden von

Kilogrammen von Ausgangssubstanz einige Decigramme von Endprodukten zu gewinnen, deren Aktivität im Verhältniß zu der des Minerals, aus dem sie stammen, ganz außerordentlich groß ist. Es ist klar, daß diese gesamte Arbeit langwierig, heikel und kostspielig ist.[5]

In Anschluß an unsere Arbeit wurden noch andere radioaktive Substanzen angekündigt. Herr *Giesel*[34,35] einerseits, die Herren *Hofmann* und *Strauß*[36] andrerseits teilten mit, daß wahrscheinlich noch eine dem Blei in seinen chemischen Eigenschaften verwandte radioaktive Substanz existire. Man weiß jedoch noch wenig über diese Substanz. Von allen diesen neuen radioaktiven Substanzen ist bis jetzt das Radium das einzige, das im Zustande eines reinen Salzes dargestellt wurde.

c) Spektrum des Radiums.

Es war von hervorragender Wichtigkeit, mit allen nur möglichen Mitteln die bei dieser Arbeit gemachte Hypothese der Existenz neuer radioaktiver Elemente zu kontrolliren. Im Falle des Radiums ergab die Spektralanalyse eine vollständige Bestätigung dieser Hypothese.

Herr *Demarçay* war gern bereit, die Prüfung der neuen radioaktiven Substanz mittels der exakten Methode, welche er bei dem Studium photographirter Funkenspektra anwendet, auszuführen. Die Unterstützung durch einen so kompetenten Gelehrten war für uns eine große Wohltat. Wir bewahren ihm eine tiefe Dankbarkeit dafür, daß er sich mit dieser Arbeit befaßte. Die Resultate der Spektralanalyse haben uns Gewißheit verschafft zu einer Zeit, da wir noch Zweifel über die Interpretation unsrer Resultate hatten.[6]

Die ersten Proben von mäßig aktivem Radium-haltigen Baryumchlorid, die *Demarçay* untersuchte, zeigten ihm gleichzeitig mit den Baryumlinien eine neue Linie von merklicher Intensität und der Wellenlänge $\lambda = 381,47\ \mu\mu$ im ultravioletten Spektrum. Mit den darauf hergestellten stärker aktiven Produkten sah *Demarçay* die Linie 381,47 sich verstärken; gleichzeitig erschienen andre neue Linien und in dem Spektrum hatten die neuen Linien und die Baryumlinien vergleichbare Intensität. Eine weitere Koncentration lieferte ein Produkt, in dem das neue Spektrum vorherrscht, und einzig die allein noch sichtbaren stärksten drei Baryumlinien zeigen die Anwesenheit dieses Metalls als bloße Verunreinigung an. Dieses Produkt kann also als fast reines Radiumchlorid betrachtet werden. Endlich konnte ich durch eine neue Reinigung ein außerordentlich reines Radiumchlorid herstellen, in dessen Spektrum die Hauptlinien des Baryums kaum mehr sichtbar sind.

Folgendes sind nach *Demarçay*[37-39] die Hauptlinien des Radiums für den Teil des Spektrums zwischen $\lambda = 500,0$ und $\lambda = 350,0$ Tausendstel Mikron ($\mu\mu$). Die Intensität jeder Linie ist durch eine Zahl angegeben, wobei die stärkste Linie gleich 16 gesetzt ist.

	Intensität
483,63	10
472,69	5
469,98	3
469,21	7
468,30	14

	Intensität
464,19	4
453,85	9
443,61	8
434,06	13
381,47	16
364,96	12

Alle Linien sind deutlich und scharf; die drei Linien 381,47, 468,30 und 434,06 sind stark, sie erreichen gleiche Intensität mit den stärksten bekannten Linien. Ferner bemerkt man in dem Spektrum zwei starke verwaschene Banden; die erste symmetrische erstreckt sich von 463,10 bis 462,19 mit einem Maximum bei 462,75; die zweite stärkere ist nach dem Ultraviolett hin abgeschattet, sie beginnt plötzlich bei 446,37, erreicht ein Maximum bei 445,52, das sich bis 445,34 erstreckt und dann folgt eine verwaschene Bande, die, allmählich schwächer werdend, bis 439 reicht.

In dem weniger brechbaren, nicht photographirten Teil des Funkenspektrums liegt die einzige bemerkbare Linie bei (ungefähr) 566,5; sie ist jedoch viel schwächer als 482,63.

Der Allgemeinanblick des Spektrums entspricht dem der Erdalkalimetalle, deren Spektra bekanntlich aus starken Linien und verwaschenen Banden bestehen.

Nach *Demarçay* kann man das Radium zu den Körpern allerempfindlichster Spektralreaktion rechnen. Ich konnte aus meiner Koncentrirungsarbeit schließen, daß in der ersten Probe, die die Linie 381,47 deutlich zeigte, das Verhältniß des darin enthaltenen Radiums sehr klein sein mußte (vielleicht 0,02 Proz). Gleichwohl bedarf es einer 50mal größeren Aktivität als die des metallischen Urans, um die Hauptlinien des Radiums in den photographirten Spektren deutlich zu bemerken. Mit einem empindlichen Elektrometer kann man die Radioaktivität eines Produktes erkennen, die nur $^{1}/_{100}$ der des metallischen Urans beträgt. Man sieht also, daß zur Erkennung der Anwesenheit des Radiums die Radioaktivität ein mehrere 1000mal empfindlicheres Zeichen ist als die Spektralreaktion.

Das stark aktive Wismut-Polonium und das stark aktive Thorium-Aktinium, die von *Demarçay* geprüft wurden, ergaben bis jetzt nur die Linien des Wismuts und Thors.

In einer neuen Veröffentlichung kündigt Herr *Giesel*,[40] der sich mit der Darstellung des Radiums befaßt hat, an, daß das Radiumbromid die Flamme rot färbt. Das Flammenspektrum des Radiums enthält zwei schöne rote Banden, eine Linie im Blaugrün und zwei schwache Linien im Violett.

d) Abscheidung der neuen radioaktiven Substanzen.

Der erste Teil des Verfahrens besteht darin, daß man aus den Uranmineralien das Radium-haltige Baryum, das Poloniumhaltige Wismut und die das Aktinium enthaltenden seltenen Erden absondert. Wenn man diese drei Ausgangsprodukte erhalten hat, so sucht man aus jedem von ihnen die neue radioaktive Substanz zu isoliren. Dieser zweite Teil der Arbeit geschieht mittels einer Fraktionirungsmethode. Es ist bekanntlich sehr schwierig, ein Mittel zur vollkommenen Trennung zweier sehr verwandter Elemente zu finden. Die Fraktionirungsmethoden sind hier also unerläßlich. Außerdem darf man, wenn ein Element einem andren nur spurenweise beigemengt ist, eine vollkommene Trennungsmethode auf das Gemisch überhaupt nicht anwenden, selbst wenn man eine kennen würde. Man würde tatsächlich riskiren, die durch diese Operation abzuscheidende Spur von Substanz gänzlich zu verlieren.

Ich habe mich speciell damit befaßt, das Radium und das Polonium zu isoliren. Nach einer Arbeit von mehreren Jahren bin ich jedoch nur mit dem ersten der beiden Körper zum Ziele gelangt.

Da die Pechblende ein kostbares Mineral ist, haben wir darauf verzichtet, große Quantitäten davon zu behandeln. In Europa geschieht die Verarbeitung dieses Minerals im Bergwerk von Joachimsthal in Böhmen. Das zerkleinerte Mineral wird zuerst mit Soda geröstet und das Produkt dieses Verfahrens zuerst in warmem Wasser, dann in verdünnter Schwefelsäure ausgelaugt. Die Lösung enthält das Uran, dem die Pechblende ihren Wert verdankt. Der unlösliche Rückstand wird fortgeworfen. Dieser Rückstand enthält die radioaktiven Substanzen, seine Aktivität ist 4,5 mal größer als die des metallischen Urans. Die österreichische Regierung, der das Bergwerk gehört, hat uns freundlicherweise eine Tonne dieses Rückstandes zu unsrer Untersuchung zur Verfügung gestellt und das Bergwerk angewiesen, uns noch mehrere Tonnen der Substanz zu liefern.

Es war durchaus nicht leicht, den Rückstand in der Fabrik mittels eines laboratoriumsmäßigen Verfahrens zu behandeln. Herr *Debierne* übernahm es, diese Frage zu studiren und die fabrikmäßige Behandlung zu organisiren. Der wichtigste Punkt der von ihm angegebenen Methode besteht darin, daß man durch Kochen der Substanz in koncentrirter Sodalösung die Sulfate in Karbonate verwandelt. Dieser Vorgang umgeht die sonst notwendige Schmelzung mit Soda.

Der Rückstand enthält hauptsächlich die Sulfate von Blei und Calcium, ferner Silicium, Aluminium und Eisenoxyd. Außerdem finden sich in mehr oder weniger großer Menge beinahe alle Metalle (Kupfer, Wismut, Zink,

Kobalt, Mangan, Nickel, Vanadium, Antimon, Thallium, die seltenen Erden, Niobium, Tantal, Arsen, Baryum usw.) darin vor. Das Radium befindet sich in dieser Mischung von Sulfaten als das am wenigsten lösliche. Um es aufzulösen, muß die Schwefelsäure so weit als möglich beseitigt werden. Dazu beginnt man die Behandlung des Rückstandes mit einer koncentrirten kochenden Natronlauge. Die mit dem Blei, Aluminium und Calcium verbundene Schwefelsäure geht großenteils als Natriumsulfat in Lösung, das durch Auswaschung mit Wasser beseitigt wird. Durch das Alkali entfernt man gleichzeitig das Blei, Silicium und Aluminium. Der unlösliche Teil wird dann mit Wasser gewaschen und der Einwirkung gewöhnlicher Salzsäure ausgesetzt. Diese Operation bewirkt den völligen Aufschluß der Substanz und löst sie zum größten Teil. Aus dieser Lösung kann man das Polonium und Aktinium ausscheiden: Ersteres wird durch Schwefelwasserstoff niedergeschlagen, letzteres findet sich in den Hydraten, die durch Ammoniak aus der Lösung niedergeschlagen werden, nachdem diese von den Sulfaten getrennt und oxydirt ist. Das Radium bleibt in dem unlöslichen Teil. Dieser Teil wird mit Wasser gewaschen, sodann mit einer koncentrirten, kochenden Sodalösung behandelt. Wenn nur wenige nicht angegriffene Sulfate zurückgeblieben sind, so bewirkt diese Operation eine vollkommene Verwandlung der Baryumsulfate in Karbonate. Man wäscht darauf die Substanz sehr gründlich mit Wasser aus und unterwirft sie der Einwirkung von Salzsäure, die durchaus frei von Schwefelsäure sein muß. Die Lösung, die das Radium, wie auch das Polonium und Aktinium enthält, wird filtrirt und mit Schwefelsäure niedergeschlagen. Man erhält so rohe Sulfate von Radium-haltigem Baryum, die auch Calcium, Blei und Eisen enthalten und ein wenig Aktinium mit sich gerissen haben. Die Lösung enthält noch ein wenig Aktinium und Polonium, die in derselben Weise getrennt werden können, wie von der ersten salzsauren Lösung.

Aus einer Tonne Rückstand erhält man so 10 bis 20 kg rohe Sulfate, deren Aktivität 30- bis 60 mal größer ist als die des metallischen Urans. Man schreitet nunmehr zu ihrer Reinigung. Dazu kocht man sie in Soda und verwandelt sie in Chloride. Die Lösung wird mit Schwefelwasserstoff behandelt, woraus eine kleine Quantität aktiver Sulfide resultirt, die Polonium enthalten. Man filtrirt die Lösung, oxydirt sie durch die Wirkung von Chlor und schlägt sie mit reinem Ammoniak nieder. Die niedergeschlagenen Oxyde und Hydrate sind stark aktiv und zwar rührt die Aktivität vom Aktinium her. Die filtrirte Lösung wird mit Soda niedergeschlagen. Die niedergeschlagenen Karbonate der Erdalkalien werden gewaschen und in Chloride verwandelt. Diese Chloride werden zur Trockenheit eingedampft und mit koncentrirter reiner Salzsäure gewaschen. Das Chlorcalcium löst sich beinahe vollständig, während das Radium-haltige Chlorbaryum unlöslich bleibt. Man erhält so pro Tonne Ausgangssubstanz ungefähr 8 kg Radium-haltigen Baryums, dessen Aktivität ungefähr 60 mal größer ist als die des metallischen Urans. Dieses Chlorid ist reif zur Fraktionirung.

e) Polonium.

Wie bereits oben gesagt, schlägt man durch Einleitung von Schwefelwasserstoff in die verschiedenen im Laufe des Verfahrens erhaltenen salzsauren Lösungen aktive Sulfide nieder, deren Aktivität vom Polonium herrührt. Diese Sulfide enthalten hauptsächlich Wismut, ein wenig Kupfer und Blei. Letzteres Metall ist darin nur in geringem Maße enthalten, da es zum großen Teil durch die Natronlauge entfernt worden ist, und da sein Chlorid wenig löslich ist. Antimon und Arsen befinden sich nur in minimaler Menge in den Oxyden, da ihre Oxyde durch das Natron gelöst sind. Um hieraus stark aktive Sulfide zu erhalten, benutzte man folgendes Verfahren. Die stark sauren Chloridlösungen wurden durch Schwefelwasserstoff niedergeschlagen. Die hierbei anfallenden Sulfide sind stark aktiv, man benutzt sie zur Herstellung des Poloniums. In der Lösung bleiben die Substanzen, die bei Gegenwart eines Überschusses von Salzsäure nur unvollkommen niedergeschlagen werden (Wismut, Blei, Antimon). Um die Fällung zu vollenden, verdünnt man die Lösung mit Wasser, behandelt sie von neuem mit Schwefelwasserstoff und erhält ein zweites Quantum von Sulfiden, das viel weniger aktiv als das erste ist und im allgemeinen fortgeworfen wird. Zur weiteren Reinigung der Sulfide wäscht man sie mit Schwefelammonium, wodurch die übrig bleibenden Spuren von Antimon und Arsen beseitigt werden. Dann wäscht man sie mit Wasser, dem Ammoniumnitrat zugesetzt ist, und behandelt sie mit verdünnter Salpetersäure. Die Lösung ist niemals vollständig, man behält immer einen mehr oder weniger großen unlöslichen Rückstand, den man nach Gutdünken nochmals behandeln kann. Die Lösung wird auf ein kleines Volumen eingedampft und entweder durch Ammoniak oder durch viel Wasser niedergeschlagen. In beiden Fällen verbleiben Blei und Kupfer, im zweiten Fall auch ein wenig fast unaktives Wismut in Lösung.

Der aus Oxyden oder Subnitraten bestehende Niederschlag wird in folgender Weise fraktionirt: Man löst den Niederschlag in Salpetersäure und fügt der Lösung Wasser zu bis zur Bildung einer genügenden Menge von Niederschlag. Bei dieser Operation muß man berücksichtigen, daß der Niederschlag sich zuweilen erst nach einiger Zeit bildet. Man trennt ihn von der überstehenden Flüssigkeit und löst ihn von neuem in Salpetersäure; beide so erhaltenen Flüssigkeitsmengen unterwirft man von neuem einer Füllung durch Wasser und so fort. Man vereinigt die verschiedenen Portionen nach Maßgabe ihrer Aktivität, indem man die Koncentration so weit wie möglich zu treiben sucht. Man erhält so eine kleine Quantität von Substanz, deren Aktivität enorm ist, die aber nichtsdestoweniger im Spektroskop bis jetzt nur die Linien des Wismut gegeben hat.

Leider hat man wenig Aussicht, auf diesem Wege zu einer Isolirung des Poloniums zu gelangen. Die beschriebene Fraktionirungsmethode bietet große Schwierigkeiten, und dasselbe gilt von andren Fraktionirungsmethoden auf nassem Wege. Welches auch immer der angewandte Proceß sei, es bilden sich sehr leicht Verbindungen, die in verdünnten, wie in koncentrirten Säuren absolut unlöslich sind. Diese Verbindungen können nur aufgelöst werden, wenn man sie vorher in den metallischen Zustand überführt, z. B. durch Schmelzung mit Cyankalium. Da die Zahl der auszuführenden Operationen sowieso schon beträchtlich ist, so bietet dieser Umstand eine enorme Schwierigkeit für den Fortschritt der Fraktionirung; dieser Übelstand ist um so schwerwiegender, als das Polonium eine Substanz ist, die, einmal aus der Pechblende entfernt, allmählich an Aktivität einbüßt. Dieses Nachlassen der Aktivität ist übrigens langsam; so hat z. B. eine Probe von Polonium-haltigem Wismutnitrat in 11 Monaten nur die Hälfte seiner Aktivität eingebüßt.

Beim Radium bietet sich keine analoge Schwierigkeit. Die Radioaktivität bleibt ein treuer Führer für die Koncentrirung; diese Koncentrirung selbst bietet keinerlei Schwierigkeit, und die Fortschritte der Arbeit konnten von Anfang an durch die Spektralanalyse kontrollirt werden.

Als die weiter unten zu besprechenden Erscheinungen der inducirten Aktivität bekannt wurden, konnte man natürlich annehmen, daß das Polonium, das nur die Spektrallinien des Wismuts zeigt und dessen Aktivität mit der Zeit abnimmt, kein neues Element, sondern durch die Nachbarschaft des Radiums in der Pechblende inducirtes Wismut sei. Ich bin nicht davon überzeugt, daß diese Anschauung richtig sei. Im Laufe meiner langen Arbeit über das Polonium habe ich chemische Wirkungen konstatirt, die ich weder mit gewöhnlichem, noch mit durch Radium aktivirtem Wismut jemals beobachtet habe. Diese chemischen Effekte bestehen in erster Linie in der äußerst leichten Bildung unlöslicher Verbindungen, von denen oben die Rede war (speciell Subnitrate), zweitens in der Farbe und dem Aussehen der Niederschläge, die man durch Wasserzusatz zur Lösung von Poloniumhaltigem Wismutnitrat erhält. Diese Niederschläge sind manchmal weiß, aber meistens von einem mehr oder weniger lebhaftem Gelb, das bis zum tiefen Rot geht.

Die Abwesenheit von anderen Spektrallinien als denen des Wismuts beweist durchaus nicht mit Sicherheit, daß die Substanz nur Wismut enthält, denn es giebt Körper, deren Spektralreaktion sehr wenig empfindlich ist.

Es wäre nötig, eine kleine Quantität Polonium-haltigen Wismuts in möglichst großer Koncentration herzustellen und dieses chemisch zu untersuchen, vor allem bezüglich des Atomgewichts des Metalls. Diese

Untersuchung konnte noch nicht ausgeführt werden, wegen der eben erwähnten Schwierigkeit bei der chemischen Arbeit.

Wenn es erwiesen wäre, daß das Polonium ein neues Element ist, so wäre es darum nicht weniger wahr, daß dieses Element nicht beliebig lange im stark aktiven Zustande existiren kann, wenigstens sobald es von dem Mineral getrennt ist. Man kann also die Frage auf zwei verschiedene Weisen betrachten:

1. Entweder ist die ganze Aktivität des Poloniums bloß von den benachbarten radioaktiven Substanzen inducirt. Das Polonium hätte dann also die Fähigkeit, seine Atome in langdauernder Form zu induciren, eine Fähigkeit, die nicht allen Substanzen zuzukommen scheint;[7]

2. oder die Aktivität ist eine dem Polonium selbst angehörige, die sich unter gewissen Bedingungen von selbst zerstört, unter gewissen anderen Bedingungen, die in dem Mineral realisirt sind, beständig sein kann. Die Erscheinung der Atomaktivirung durch Kontakt ist so wenig bekannt, daß es an jeder Grundlage mangelt, um sich eine bestimmte Meinung in dieser Frage zu bilden.

Ganz kürzlich ist eine Arbeit von Herrn *Marckwald*[42] über das Polonium erschienen. *Marckwald* taucht einen reinen Wismutstab in eine Lösung von Wismutchlorid, das durch Behandlung von Pechblendenrückständen erhalten ist. Nach einiger Zeit bedeckt sich der Stab mit einem stark aktiven Niederschlag und die Lösung enthält nur noch inaktives Wismut. *Marckwald* erhält ebenfalls einen sehr aktiven Niederschlag, wenn er Zinnchlorid einer Lösung von radioaktivem Wismutchlorid hinzufügt. Er schließt daraus, daß das aktive Element dem Tellur analog ist, und giebt ihm den Namen **Radiotellur**. Die aktive Substanz *Marckwalds* scheint mit dem Polonium identisch durch ihre Herkunft und durch die stark absorbirbaren Strahlen, die sie aussendet. Die Wahl eines neuen Namens für diese Substanz ist jedenfalls bei dem gegenwärtigen Stande der Frage noch unnötig.

f) Herstellung des reinen Radiumchlorids.

Der von mir angewandte Weg zur Aussonderung reinen Radiumchlorids aus dem Radium-haltigen Baryumchlorid besteht darin, daß man das Gemenge der Chloride einer fraktionirten Krystallisation unterwirft, zuerst in reinem Wasser, dann in Wasser, dem Salzsäure zugesetzt ist. Man benutzt also den Unterschied in der Löslichkeit der beiden Chloride, wobei das Radiumchlorid weniger löslich ist als das Baryumchlorid.

Beim Beginn der Fraktionirung gebraucht man reines destillirtes Wasser; man löst das Chlorid auf und kocht die Lösung bis zur Sättigung ein. Dann läßt man durch Abkühlung in einer offenen Schale auskrystallisiren. Es bilden sich auf dem Grunde schöne festhaftende Krystalle, von denen die überstehende Mutterlauge leicht abgegossen werden kann. Wenn man eine Probe dieser Lösung zur Trockenheit eindampft, so findet man, daß das hierbei erhaltene Chlorid ungefähr fünfmal weniger aktiv ist als das auskrystallisirte. Man hat also das Chlorid in zwei Teile A und B geteilt, von denen A viel aktiver ist als B. Man erneuert mit jedem der Chloride A und B die Operation und erhält mit jedem von ihnen zwei neue Fraktionen. Wenn die Krystallisation beendet ist, vereinigt man den weniger aktiven Teil des Chlorids A mit dem stärker aktiven des Chlorids B, da diese merklich dieselbe Aktivität haben. Man hat jetzt also drei Teile, die man von neuem derselben Behandlung unterwirft; man läßt jedoch die Zahl der Portionen nicht dauernd wachsen, da sich in dem Maße, wie die Anzahl wächst, die Aktivität der am stärksten löslichen Portion vermindert. Wenn diese Portion eine nur noch ganz unbedeutende Aktivität besitzt, so entfernt man sie aus dem Verfahren. Hat man die gewünschte Anzahl von Portionen erhalten, so fraktionirt man auch die am wenigsten lösliche (an Radium reichste) Portion nicht weiter und entfernt sie aus dem Verfahren.

Man operirt mit einer konstanten Anzahl von Portionen. Nach jeder Reihe von Operationen wird die Mutterlauge der einen Portion auf die Krystalle der nachfolgenden gegossen; aber wenn man nach einer Reihe die löslichste Portion entfernt hat, so macht man im Gegensatz dazu bei der nächsten Reihe eine neue Portion mit der löslichsten Fraktion und entfernt dagegen die Krystalle, die die am stärksten aktive Portion bilden. Durch die stete Abwechslung dieser beiden Operationen erhält man einen sehr regelmäßigen Fraktionirungsmechanismus, in dem die Zahl der Portionen und die Aktivität jeder von ihnen konstant bleiben; jede Portion ist hierbei ungefähr fünfmal aktiver als die folgende. An der einen Seite (am Ende) entfernt man hier ein fast unaktives Produkt, während man an der andren Seite (an der Spitze) ein an Radium angereichertes Chlorid erntet. Die in den Portionen enthaltene Substanzmenge wird natürlich immer geringer und die verschiedenen Portionen enthalten um so weniger Substanz, um so aktiver sie sind. Anfangs wurde mit sechs Portionen operirt und die Aktivität des am Ende entfernten Chlorids betrug nur noch 0.1 der des Urans.

Wenn man so einen großen Teil der inaktiven Substanz eliminirt hat und die Portionen klein geworden sind, wird es zwecklos, eine so schwache Aktivität noch zu eliminiren; man schaltet also eine Portion am Ende der Fraktionsreihe aus und fügt an der Spitze eine Portion hinzu, die aus dem vorher gewonnenen aktiven Chlorid gebildet ist. Man wird jetzt also ein an Radium reicheres Chlorid ernten als vorher. Man fährt mit der Anwendung dieses Systems fort, bis die Krystalle an der Spitze der Reihe aus reinem Radiumchlorid bestehen. Wenn die Ausführung der Fraktionirung eine sehr vollkommene war, so bleiben nur sehr kleine Mengen aller Zwischenprodukte übrig.

Wenn die Fraktionirung weit fortgeschritten und die in den einzelnen Portionen enthaltene Substanzmenge sehr klein geworden ist, so wird die Trennung durch Krystallisation weniger wirksam, da die Abkühlung zu schnell erfolgt und das Volumen der abzugießenden Lösung zu klein wird. Dann empfiehlt es sich, dem Wasser eine bestimmte Menge von Salzsäure hinzusetzen, die um so größer werden muß, je weiter die Fraktionirung fortschreitet.

Der Vorteil dieses Zusatzes besteht in einer Vermehrung der Lösungsmenge, da die Chloride in verdünnter Salzsäure weniger löslich sind als in reinem Wasser. Außerdem wird aber auch die Fraktionirung hierdurch wirksamer; die Differenz zwischen den beiden Fraktionen eines bestimmten Produkts wird jetzt sehr beträchtlich; bei Anwendung von Wasser mit viel Salzsäure erhält man deshalb ausgezeichnete Trennungen und kann mit bloß drei oder vier Portionen auskommen. Es empiehlt sich, dieses Verfahren sogleich anzuwenden, sowie nur die Substanzmenge klein genug geworden ist, um es ohne Schwierigkeiten zu können.

Die Krystalle, die sich aus stark saurer Lösung niederschlagen, haben die Form sehr langer Nadeln, die für das Baryumchlorid genau so aussehen wie für das Radiumchlorid. Beide sind doppelbrechend. Die Krystalle des Radium-haltigen Baryums schlagen sich farblos nieder, aber wenn die Menge des Radiums genügend groß wird, nehmen sie nach einiger Zeit eine gelbe Farbe an, die bis zum Orange geht, manchmal auch eine schöne rosa Färbung. Diese Färbung verschwindet beim Auflösen. Die Krystalle des reinen Radiums färben sich nicht oder wenigstens nicht so schnell; die Färbung scheint also an die gleichzeitige Anwesenheit von Baryum und Radium gebunden zu sein. Das Maximum der Färbung wird mit einer bestimmten Koncentration des Radiums erreicht, und man kann diese Eigenschaft benutzen, um den Fortschritt der Fraktionirung zu kontrolliren.

Solange die aktivste Portion sich noch färbt, enthält sie eine merkliche Menge von Baryum, wenn sie selbst sich nicht mehr färbt, wohl aber die folgenden Portionen, so besteht sie im wesentlichen aus reinem Radiumchlorid.

Ich habe manchmal die Bildung eines Krystallgemenges beobachtet, von dem ein Teil farblos blieb, wahrend der andre sich färbte. Es scheint möglich, die farblosen Krystalle durch Aussuchen abzutrennen, doch habe ich es nicht versucht.

Gegen Schluß des Fraktionirungsverfahrens ist das Aktivitätsverhältniß der aufeinander folgenden Portionen nicht mehr dasselbe wie im Anfange und auch nicht mehr so regelmäßig; eine ernsthafte Störung im Gange des Verfahrens tritt jedoch nicht ein.

Auch die fraktionirte Fällung einer wässrigen Lösung von Radium-haltigem Baryumchlorid durch Alkohol führt zur Isolirung des Radiumchlorids, das sich zuerst niederschlägt. Diese anfangs von mir angewandte Methode wurde später zu Gunsten der eben beschriebenen aufgegeben, die mehr Regelmäßigkeit besitzt.

Gleichwohl habe ich manchmal die Fällung durch Alkohol benutzt, um Radiumchlorid zu reinigen, das eine kleine Spur von Baryumchlorid enthält. Letzteres bleibt in der leicht wässrigen alkoholischen Lösung zurück, und kann so entfernt werden.

Herr *Giesel* der sich seit der Publikation unserer ersten Untersuchungen mit der Herstellung radioaktiver Körper befaßte, empfiehlt die Trennung des Radiums vom Baryum durch fraktionierte Krystallisation eines Gemenges der Bromide. Ich konnte feststellen, daß dieses Verfahren tatsächlich sehr vorteilhaft ist, besonders im Beginn der Fraktionierung.

Welches Fraktionirungsverfahren man auch anwenden mag, jedenfalls sollte man es durch Messung der Aktivität kontrolliren. Dabei ist zu bemerken, daß eine Radiumverbindung, wenn sie aus dem gelösten Zustande in den festen übergeführt wird, sei es durch Fällung, sei es durch Krystallisation, im Beginn eine um so geringere Aktivität besitzt, je länger sie sich im Zustand der Lösung befand. Die Aktivität wächst sodann während mehrerer Monate bis zu einer stets gleichen Grenze. Der Endwert der Aktivität ist fünf- bis sechsmal größer als der Anfangswert. Diese Veränderungen, auf die ich weiter unten zurückkommen werde, müssen bei der Messung der Aktivität berücksichtigt werden. Wenn auch die Endaktivität besser definirt ist, so ist es doch praktischer, im Laufe eines chemischen Verfahrens die Anfangsaktivität des festen Produkts zu messen.

Die Aktivität der stark aktiven Substanzen ist von einer ganz andren Größenordnung als die des Minerals, aus dem sie stammen (sie ist 10^4 mal größer). Wenn man diese Radioaktivität mit der im Beginn dieser Arbeit erläuterten Methode mißt (Fig. 1), so kann man die dem Quarz zu erteilende Belastung nicht über eine gewisse Grenze vermehren. Diese Belastung betrug bei unsren Versuchen im Maximum 4000 g, entsprechend einer entwickelten Elektrizitätsmenge von 25 elektrostatischen Einheiten. Wir können also nur im Verhältniß von 1 zu 4000 variirende Aktivitäten mit ein und derselben Oberfläche der aktiven Substanz messen. Um den Meßbarkeitsbereich auszudehnen, lassen wir die Oberfläche in einem bestimmten Verhältniß sich ändern. Die aktive Substanz bedeckt dann auf der Platte B eine kreisförmige Zone von bekanntem Radius. Da die Aktivität unter diesen Bedingungen nicht genau der Oberfläche proportional ist, so bestimmt man empirisch Koefficienten, die eine Vergleichung der Aktivitäten bei ungleicher Oberfläche ermöglichen. Wenn auch dieses Hülfsmittel versagt, muß man zu absorbirenden Schirmen und andren entsprechenden Maßnahmen seine Zuflucht nehmen, auf die ich hier nicht näher eingehen will. Alle diese mehr oder weniger unvollkommenen Maßnahmen genügen jedoch, um eine Kontrolle bei den Untersuchungen zu haben.

Wir haben auch den Strom im Kondensator gemessen, indem wir ihn in einen Kreis mit einer Batterie kleiner Akkumulatoren und einem empfindlichen Galvanometer schalteten. Die häufig notwendige Kontrolle der Galvanometerempfindlichkeit ließ uns von der Anwendung dieser Methode bei den laufenden Messungen absehen.

g) Bestimmung des Atomgewichts des Radiums.

Im Laufe meiner Arbeit habe ich mehrmals das Atomgewicht des in den Proben Radium-haltigen Baryumchlorids enthaltenen Metalls untersucht. Jedesmal, wenn ich nach Abschluß einer neuen Verarbeitung einen neuen Vorrat Radium-haltigen Baryumchlorids zu behandeln hatte, trieb ich die Koncentrirung so weit wie möglich, derart, daß ich 0,1 bis 0,5 g einer Substanz erhielt, in der fast die ganze Aktivität des Gemenges enthalten war. Aus dieser kleinen Substanzmenge füllte ich durch Alkohol oder Salzsäure einige Milligramm, die zur spektralanalytischen Untersuchung bestimmt wurden. Dank seiner ausgezeichneten Methode bedurfte Herr *Demarçay* nur dieser minimalen Substanzmenge, um eine Photographie des Funkenspektrums aufzunehmen. Mit dem übrig bleibenden Produkt führte ich eine Atomgewichtsbestimmung aus.

Ich benutzte die klassische Methode, die darin besteht, daß man das in einer bestimmten Menge wasserfreien Chlorids enthaltene Chlor als Chlorsilber bestimmt. Als Kontrollversuch bestimmte ich das Atomgewicht des Baryums auf dieselbe Weise, unter denselben Bedingungen und mit derselben Substanzmenge, zuerst 0,5 g dann bloß 0,1 g. Die gefundenen Zahlen lagen stets zwischen 137 und 138. Die Methode liefert also selbst mit einer so kleinen Substanzmenge genügend gute Resultate.

Die beiden ersten Bestimmungen wurden mit Chloriden gemacht, von denen das eine 230mal, das andre 600mal aktiver war als Uran. Diese beiden Versuche ergaben innerhalb der Fehlergrenze dieselbe Zahl, wie der Versuch mit reinem Baryumchlorid.

Man konnte also die Auffindung einer Differenz nur bei Anwendung eines viel stärker aktiven Produkts erhoffen. Der folgende Versuch, der mit einem Chlorid, das 3500mal aktiver war als Uran, ausgeführt wurde, ließ zum erstenmal eine zwar kleine, aber sichere Differenz bemerken; ich fand für das mittlere Atomgewicht des in dem Chlorid enthaltenen Metalls 140, was darauf hinwies, daß das Atomgewicht des Radiums viel höher sein mußte als das des Baryums. Als ich dann immer aktivere Produkte anwandte, die das Radiumspektrum in immer größeren Intensität zeigten, konstatirte ich auch, daß die erhaltenen Zahlen immer größer wurden, wie aus der folgenden Tabelle hervorgeht (A bedeutet die Aktivität des Chlorids, die des Urans gleich 1 gesetzt; M das gefundene Atomgewicht):

A	M	
3500	140	Radiumspektrum sehr schwach

A	M	
4700	141	
7500	145,8	Radiumspektrum stark, aber Baryumspektrum noch weit vorherrschend.
Größen-	173,8	Beide Spektren von ungefähr gleicher Stärke.
ordnung 10^6	225	Baryum nur noch spurenweise vorhanden.

Die Zahlen der Spalte A sind nur als rohe Angaben zu betrachten. Die Auswertung der Aktivität stark aktiver Körper ist in der Tat aus weiter unten zu erörternden Gründen sehr schwierig.

Im Laufe des oben beschriebenen Verfahrens erhielt ich im März 1902 0,12 g eines Radiumchlorids, dessen spektralanalytische Untersuchung Herr *Demarçay* freundlichst ausführte. Dieses Radiumchlorid war nach Herrn *Demarçay*s Meinung so gut wie rein; gleichwohl zeigte sein Spektrum die Hauptlinien des Baryums noch mit merklicher Stärke. Ich habe mit diesem Chlorid vier Einzelbestimmungen hintereinander ausgeführt, deren Resultate folgende sind:

	Wasserfreies Radiumchlorid (g)	Chlorsilber (g)	M
I	0,115 0	0,113 0	220,7
II	0,114 8	0,111 9	223,0
III	0,111 35	0,108 8	222,8
IV	0,109 25	0,108 45	223,1

Ich unternahm sodann eine neue Reinigung des Chlorids und gelangte zu einer noch reineren Substanz, in deren Spektrum die beiden stärksten Baryumlinien nur noch sehr schwach sind. Unter Berücksichtigung der Empfindlichkeit der Spektralreaktion des Baryums meint Herr *Demarçay*, daß dieses gereinigte Chlorid nur noch minimale Spuren von Baryum enthält, die das Atomgewicht nicht mehr in angebbarem Betrage beeinflussen können. – Mit diesem vollkommen reinen Radiumchlorid machte ich drei Bestimmungen mit folgenden Resultaten:

	Wasserfreies Radiumchlorid (g)	Chlorsilber (g)	M
I	0,091 92	0,088 90	225,3
II	0,089 36	0,086 27	225,8

	Wasserfreies Radiumchlorid (g)	Chlorsilber (g)	M
III	0,088 39	0,085 89	224,0

Diese Zahlen ergeben als Mittel 225. Sie sind, ebenso wie die früheren, unter der Annahme berechnet, daß das Radium zweiwertig sei, daß also sein Chlorid die Formel $RaCl_2$ habe, und unter Zugrundelegung folgender Zahlen für das Silber und das Chlor: Ag = 107,8; Cl = 35,4.

Aus diesen Versuchen folgt als Atomgewicht des Radiums 225.[43-45] Ich halte diese Zahl für auf eine Einheit genau.

Die Wägungen wurden mit einer genau justirten *Curie*schen aperiodischen Wage gemacht, deren Empfindlichkeit $1/20$ mg betrug. Diese direkt ablesbare Wage erlaubt die Ausführung sehr schneller Wägungen, was sehr wesentlich ist bei der Wägung von wasserfreien Radium- und Baryumchloriden, die selbst bei Anwesenheit von Trockenmitteln im Wagekasten langsam Wasser absorbiren. Die zu wägenden Substanzen befanden sich in einem Platintiegel, der seit langer Zeit im Gebrauch war; ich habe mich überzeugt, daß sein Gewicht sich während einer Operation nicht um $1/10$ mg änderte.

Das durch Krystallisation erhaltene, Krystallwasser enthaltende Chlorid wurde in den Tiegel gebracht und durch Erhitzung im Trockenschrank in Anhydrid verwandelt. Der Versuch ergiebt, daß, wenn das Chlorid einige Stunden auf 100° gehalten wurde, sein Gewicht sich nicht mehr ändert, selbst wenn man die Temperatur auf 200° erhöht und während einiger Stunden erhält. Das so erhaltene wasserfreie Chlorid bildet also einen wohldefinirten Körper.

Ich teile einige Messungen hierüber mit: Das Chlorid (1 dg) wird bei 55° im Trockenschrank getrocknet und in einem Exsikkator mit Phosphorsäureanhydrid gestellt; es verliert dann langsam an Gewicht, woraus hervorgeht, daß es noch etwas Wasser enthält; während 12 Stunden betrug dieser Verlust etwa 3 mg. Man bringt das Chlorid wieder in den Trockenschrank und steigert die Temperatur auf 100°. Während dieser Operation verliert das Chlorid 6,3 mg. Während weiterer 3 Stunden und 15 Minuten verliert es noch 2,5 mg. Man erhält die Temperatur 45 Minuten lang zwischen 100° und 120°, wodurch ein Gewichtsverlust von 0,1 mg entsteht. Weitere 30 Minuten auf 125° gelassen, verliert das Chlorid nichts. Sodann 30 Minuten auf 150° gehalten, verliert es 0,1 mg. Endlich 4 Stunden lang auf 200° erhitzt, erfahrt es einen Gewichtsverlust von 0,15 mg. Während aller dieser Operationen änderte sich das Gewicht des Tiegels um 0,05 mg.

Nach jeder Bestimmung des Atomgewichts wurde das Radium folgendermaßen wieder in Chlorid zurückverwandelt: Die Flüssigkeit, die nach der Analyse Radium- und Silbernitrat im Überschuß enthielt, wurde mit reiner Salzsäure versetzt und das Chlorsilber durch Filtration beseitigt; dann wurde die Flüssigkeit mehrer Male mit einem Überschuß reiner Salzsäure zur Trockne eingedampft. Der Versuch ergiebt, daß man auf diese Weise die Salpetersäure vollständig beseitigen kann.

Das zur Analyse dienende Chlorsilber war stets radioaktiv und selbstleuchtend. Ich überzeugte mich, daß es keine wägbare Menge von Radium mitgerissen habe, indem ich die darin enthaltene Silbermenge bestimmte. Zu diesem Zwecke wurde das in dem Tiegel enthaltene geschmolzene Chlorsilber durch Wasserstoff reducirt, der aus verdünnter Salzsäure und Zink hergestellt war; nach Auswaschung wurde der Tiegel mit dem darin enthaltenen metallischen Silber gewogen.

Ich habe ferner durch einen Versuch konstatirt, daß das Gewicht des regenerirten Radiumchlorids ebenso groß war wie vor der Operation. Bei anderen Versuchen begann ich die neuen Operationen, ohne eine vollständige Verdampfung des Waschwassers abzuwarten.

Diese Prüfungen besitzen nicht dieselbe Genauigkeit wie die direkten Versuche; sie erlaubten gleichwohl die Feststellung, daß kein merklicher Fehler untergelaufen war.

Nach seinen chemischen Eigenschaften gehört das Radium zur Reihe der Erdalkalimetalle. Es bildet in dieser Reihe das höhere Homologe des Baryums. Nach seinem Atomgewicht kommt das Radium auch in der *Mendelejeff*schen Tabelle hinter das Baryum in die Kolumne der Erdalkalien und in die Zeile, die schon das Uran und das Thor enthält.

h) Eigenschaften der Radiumsalze.

Die Radiumsalze: Chlorid, Nitrat, Karbonat, Sulfat sehen, in festem Zustande dargestellt, ebenso aus wie die entsprechenden Baryumsalze, sie färben sich jedoch alle im Laufe der Zeit.

Die Radiumsalze leuchten im Dunkeln.

In ihren chemischen Eigenschaften verhalten sich Radiumsalze genau so, wie die entsprechenden Baryumsalze. Die Löslichkeit des Radiumchlorids ist jedoch geringer wie die des Baryumchlorids; die Löslichkeit der Nitrate in Wasser scheint merklich dieselbe.

Die Radiumsalze sind der Sitz einer fortwährenden selbsttätigen Wärmeentwicklung.

Reines Radiumchlorid ist paramagnetisch. Seine Magnetisirungszahl k (Verhältniß des magnetischen Moments der Masseneinheit zur Feldintensität) ist von den Herren *Curie* und *Cheneveau*[46] mittels eines eigens hierzu konstruirten Apparates gemessen worden. Die Messung geschah durch Vergleich mit der Magnetisirungszahl des Wassers unter Anbringung der Korrektion für den Magnetismus der Luft. Man fand so:
$k = 1,05 \cdot 10^{-6}$.
Reines Baryumchlorid ist diamagnetisch, seine Magnetisirungszahl beträgt:
$k = -0,40 \cdot 10^{-6}$.
Ganz entsprechend diesen Resultaten findet man für ein Radium-haltiges Baryumchlorid mit etwa 17 Proz. Radiumchlorid diamagnetisches Verhalten und eine Magnetisirungszahl:[8]
$k = -0,20 \cdot 10^{-6}$.

i) Fraktionirung gewöhnlichen Baryumchlorids.

Wir suchten festzustellen, ob das käufliche Baryumchlorid nicht kleine Spuren von Radiumchlorid enthielte, die zu gering waren, um mit unsrem Meßapparat wahrgenommen zu werden. Zu diesem Zwecke unternahmen wir die Fraktionirung einer großen Menge von käuflichem Baryumchlorid, in der Erwartung, eine etwa vorhandene Spur von Radiumchlorid dadurch konzentriren zu können.

50 kg käuflichen Baryumchlorids wurden mit schwefelsäurefreier Salzsäure gefällt, wobei 20 kg gefällten Chlorids erhalten wurden. Dieses wurde in Wasser aufgelöst und wieder teilweise durch Salzsäure gefällt, wobei man 8,5 kg Niederschlag erhielt. Dieses Chlorid wurde der beim Radium-haltigen Baryum angewandten Fraktionirungsmethode unterworfen, wobei man an der Spitze der Fraktionirung 10 g Chlorid geringster Löslichkeit ausschied. Dieses Chlorid zeigte in unsrem Meßapparat keinerlei Aktivität; es enthielt also kein Radium; dieser Körper ist demnach in den das Baryum liefernden Mineralien nicht enthalten.

Drittes Kapitel. Strahlung der neuen radioaktiven Substanzen.

a) Methoden zur Untersuchung der Strahlen.

Um die von den radioaktiven Substanzen emittirte Strahlung zu untersuchen, kann man irgend eine Eigenschaft dieser Strahlung benutzen. Man kann also entweder die Wirkung der Strahlen auf die photographische Platte, oder ihre Eigenschaft, die Luft zu ionisiren und leitend zu machen, oder endlich ihre Fähigkeit, die Fluorescenz gewisser Substanzen zu erregen, benutzen. Ich werde im Folgenden, wenn ich von einem dieser verschiedenen Verfahren spreche, zur Abkürzung folgende Ausdrücke gebrauchen: Radiographische, elektrische, fluoroskopische Methode.

Die beiden ersteren wurden von Anfang an zur Untersuchung der Uranstrahlen benutzt; die fluoroskopische Methode kann nur auf die neuen, stark aktiven Substanzen angewandt werden, denn die schwach radioaktiven Substanzen, wie Uran und Thor, bringen keine merkliche Fluorescenz hervor. Die elektrische Methode ist die einzige, die präcise Intensitätsmessungen erlaubt; die beiden andren sind von diesem Gesichtspunkte aus betrachtet hauptsächlich zur Erlangung qualitativer Resultate gegeignet, und können nur ganz grobe Intensitätsmessungen liefern. Die mit den drei betrachteten Methoden erhaltenen Resultate sind, wenn überhaupt, nur ganz roh mit einander vergleichbar und gestatten manchmal überhaupt keinen Vergleich. Die empfindliche Platte, das sich ionisirende Gas, der Fluorescenzschirm sind ebenso viele Empfänger, welche Strahlungsenergie absorbiren und in eine andre Energieform transformiren sollen; nämlich in chemische Energie, Ionenenergie oder in Lichtenergie. Jeder Empfänger absorbirt einen Bruchteil der Strahlung, dessen Größe wesentlich von seiner Natur abhängt. Es wird weiter unten gezeigt werden, daß die Strahlung zusammengesetzter Natur ist; die von den verschiedenen Empfängern absorbirten Strahlungsbruchteile können sehr quantitativ und qualitativ verschieden sein. Endlich ist es weder sicher, noch auch nur wahrscheinlich, daß die absorbierte Energie von dem Empfänger vollständig in die zur Beobachtung erwünschte Form transformirt wird: ein Teil dieser Energie kann in Wärme verwandelt werden, oder in Emission von Sekundärstrahlen, die je nachdem zur Hervorbringung der beobachteten Erscheinung angenommen werden oder nicht, oder in chemische Wirkungen, die verschieden sind von der zu beobachtenden usw., es hängt somit auch der Nutzeffekt des Empfängers bezüglich der bescheinigten Efficienz wesentlich von der Natur des Empfängers ab.

Vergleichen wir zwei Proben radioaktiver Substanz mit einander, von denen die eine Radium, die andere Polonium enthält, und die in dem in Fig. 1 dargestellten Plattenapparat gleiche Activität zeigen. Bedeckt man beide mit einem dünnen Aluminiumblatt, so wird das zweite beträchtlich schwächer aktiv erscheinen als das erste und dasselbe wird bei Benutzung desselben Fluorescenzschirms für beide der Fall sein, wenn der Schirm genügend dick ist oder sich in einiger Entfernung von den beiden radioaktiven Substanzen befindet.

b) Energie der Strahlung

Welche Untersuchungsmethode man auch anwendet, man findet immer, daß die Strahlungsenergie der neuen radioaktiven Substanzen beträchtlich größer ist, als die des Urans und Thors. So wird z. B. eine photographische Platte bei kleiner Entfernung sozusagen augenblicklich beeinflußt, während eine Exposition von 24 Stunden nötig ist, wenn man mit Uran oder Thor operiert. Ein Fluorescenzschirm wird bei Berührung mit den neuen radioaktiven Substanzen lebhaft erhellt, während man mit Uran oder Thor keine Spur von Licht wahrnehmen kann. Endlich ist auch die Wirkung auf die Luft vielmals stärker, etwa im Verhältniß 10^6. Es ist jedoch, streng genommen, überhaupt nicht mehr möglich, die **Totalintensität der Strahlung** wie beim Uran mit der eingangs beschriebenen elektrischen Methode (Fig. 1) zu bestimmen. In der Tat wird beim Uran die Strahlung nahezu vollständig in der Luftschicht zwischen den Platten absorbirt, und der Grenzstrom wird bereits bei einer Spannung von 100 Volt erreicht. Dies ist jedoch nicht mehr bei den stark aktiven Substanzen der Fall. Ein Teil der Radiumstrahlung besteht aus sehr durchdringenden Strahlen, die den Kondensator und die Metallplatten durchsetzen und überhaupt nicht zur Ionisation der Luft zwischen den Platten ausgenutzt werden. Ferner kann der Grenzstrom durchaus nicht immer mit den verfügbaren Spannungen erreicht werden; so ist z. B. für das stark aktive Polonium der Strom noch zwischen 100 und 500 Volt der Spannung proportional. Die experimentellen Bedingungen, die den Messungen eine einfache Bedeutung geben, sind hier also nicht erfüllt, und die erhaltenen Zahlen können somit nicht als ein Maß der Totalstrahlung betrachtet werden; sie bieten in dieser Hinsicht nur eine grobe Annäherung.

c) Zusammengesetzte Natur der Strahlung.

Die Arbeiten verschiedener Physiker (der Herren *Becquerel*, *Meyer* und *v. Schweidler*, *Giesel*, *Villard*, *Rutherford*, P. und S. *Curie*) haben gezeigt, daß die Strahlung der radioaktiven Substanzen sehr komplicirter Natur ist. Man kann drei Arten von Strahlung unterscheiden, die ich nach der von Herrn *Rutherford* angenommenen Bezeichnungsweise durch die Buchstaben α, β, γ unterscheiden will.

1. Die α-Strahlen sind wenig durchdringende Strahlen, die den Hauptteil der Strahlung auszumachen scheinen. Diese Strahlen sind durch die Art ihrer Absorption in der Materie charakterisirt. Das magnetische Feld wirkt sehr wenig auf sie, so daß man sie zuerst für magnetisch unablenkbar gehalten hat. In einem sehr starken Magnetfeld werden die α-Strahlen jedoch ein wenig abgelenkt; die Ablenkung erfolgt in derselben Weise wie bei den Kathodenstrahlen, aber im umgekehrten Sinne; dasselbe gilt für die Kanalstrahlen in den Entladungsröhren.

2. Die β-Strahlen sind im Ganzen weniger absorbirbar als die vorigen. Sie werden im Magnetfelde in gleicher Weise und im gleichen Sinne abgelenkt wie die Kathodenstrahlen.

3. Die γ-Strahlen sind durchdringende Strahlen, die vom Magnetfelde nicht beeinflußt werden, und den Röntgenstrahlen vergleichbar sind.

Die Strahlen einer Gruppe können ein in sehr weiten Grenzen variables Durchdringungsvermögen haben, wie aus den Versuchen mit β-Strahlen hervorgeht.

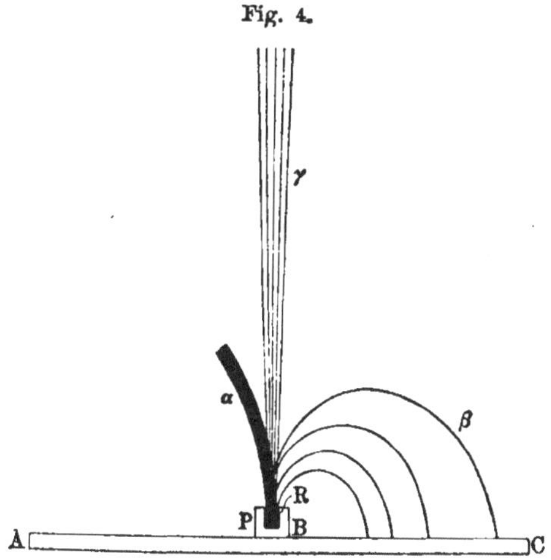

Fig. 4

Denken wir uns folgenden Versuch: Das Radium *R* befindet sich in einer kleinen Höhlung, die in einen Bleiblock *P* eingegraben ist (Fig. 4). Ein geradliniges und wenig sich verbreiterndes Strahlenbündel entweicht aus dem Troge. Nehmen wir an, daß in der Umgebung der Vertiefung ein gleichförmiges, sehr starkes magnetisches Feld erzeugt werde, senkrecht zur Zeichnungsebene und von vorn nach hinten gerichtet. Dann werden die drei Strahlengruppen von einander getrennt werden.

Die wenig intensiven γ-Strahlen setzen ihren geradlinigen Weg fort, ohne eine Spur von Ablenkung. Die β-Strahlen werden wie Kathodenstrahlen abgelenkt und beschreiben kreisförmige Bahnen in der Zeichnungsebene, deren Krümmungsradius in weiten Grenzen variirt. Wenn der Trog auf eine photographische Platte *AC* aufgesetzt wird, so wird der von den β-Strahlen getroffene Teil *BC* der Platte beeinflußt. Die α-Strahlen endlich bilden ein sehr intensives Bündel, das nur wenig abgelenkt und ziemlich schnell in der Luft ebsorbirt wird. Diese Strahlen beschreiben in der Zeichnungsebene eine Bahn von sehr großem Krümmungsradius; der Sinn der Ablenkung ist der entgegengesetzte wie bei den β-Strahlen.

Bedeckt man die Höhlung mit einem dünnen Aluminiumschirm (0,1 m dick), so werden die α-Strahlen großenteils absorbirt, die β-Strahlen viel weniger, und die γ-Strahlen überhaupt nicht in merklichem Maße.

In der soeben beschriebenen Form kann der Versuch nicht wirklich ausgeführt werden; die Versuche, aus denen die Wirkung des Magnetfeldes auf die verschiedenen Strahlenarten hervorgeht, sollen weiter unten besprochen werden.

d) Wirkung des Magnetfeldes.

Aus dem obigen ergiebt sich, daß die von den radioaktiven Substanzen emittirten Strahlen eine große Zahl von Eigenschaften mit den Kathodenstrahlen und den Röntgenstrahlen gemeinsam haben. Die Kathodenstrahlen ionisiren ebenso wie die Röntgenstrahlen die Luft, wirken auf die photographischen Platten, erregen Fluorescenz, erfahren keine regelmäßige Reflexion. Aber die Kathodenstrahlen unterscheiden sich von den Röntgenstrahlen darin, daß sie durch die Einwirkung eines Magnetfeldes aus ihrer geradlinigen Bahn abgelenkt werden, und daß sie eine negative elektrische Ladung mit sich führen.

Die Tatsache, daß das magnetische Feld auf die Strahlung der radioaktiven Körper wirkt, wurde fast gleichzeitig von den Herren *Giesel*[48], *Meyer* und *v. Schweidler*[49-52] und *Becquerel*[11] entdeckt[9]. Diese Physiker fanden, daß die Strahlen der radioaktiven Körper in derselben Weise und im selben Sinne abgelenkt werden wie die Kathodenstrahlen; ihre Beobachtungen bezogen sich auf die β-Strahlen.

Herr *Curie*[54] zeigte, daß die Radiumstrahlung aus zwei wohl zu unterscheidenden Strahlengruppen besteht, von denen die eine im Magnetfelde stark ablenkbar ist (β-Strahlen), während die andre unempfindlich gegen die Wirkung des Feldes zu sein scheint (α- und γ-Strahlen, die unter der gemeinsamen Bezeichnung **ablenkbare Strahlen** zusammengefaßt wurden).

Bei den von uns hergestellten Poloniumpräparaten hat Herr *Becquerel* keine Emission von Strahlen, die den Kathodenstrahlen entsprechen, beobachtet. Im Gegensatz hierzu hat Herr *Giesel* an einem von ihm hergestellten Poloniumpräparat zuerst die Wirkung des Magnetfeldes beobachtet. Unter allen von uns hergestellten Poloniumpräparaten hat keines jemals den Kathodenstrahlen analoge Strahlen gezeigt.

Das *Giesel*sche Polonium emittirt die kathodenstrahlartige Strahlung nur im frisch hergestellten Zustande, es ist wahrscheinlich, daß diese Strahlung von der Erscheinung der inducirten Radioaktivität herrührt, von der weiter unten die Rede sein wird.

Folgende Versuche dienten zum Nachweis, daß ein Teil der Radiumstrahlung, und zwar nur ein Teil aus leicht ablenkbaren Strahlen besteht (β-Strahlen). Die Versuche geschahen mittels der elektrischen Methode[54].

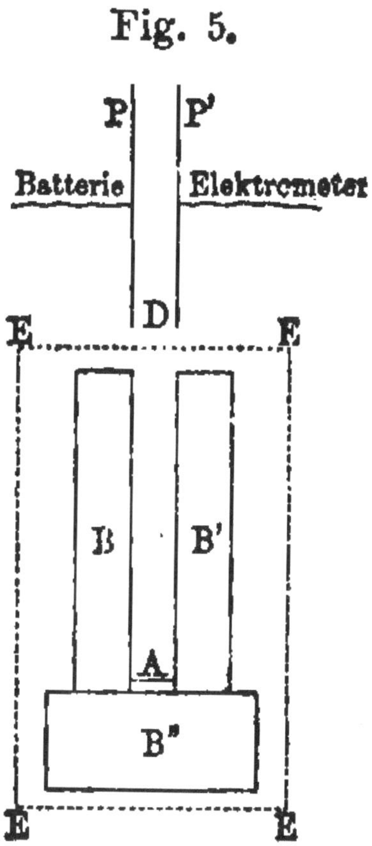

Fig. 5

Der radioaktive Körper *A* (Fig. 5) sendet Strahlen in der Richtung *AD* zwischen die Platten *P* und *P'*. Die Platte *P* wird auf einem Potential von 500 Volt erhalten, die Platte *P'* ist mit einem Elektrometer und einem piezoelektrischen Quarz verbunden. Man mißt die Stärke des unter dem Einfluß der Strahlung die Luft durchfließenden Stromes. Mittels eines Elektromagneten kann man nach Belieben innerhalb des ganzen Bereiches *EEEE* ein magnetisches Feld erzeugen, das senkrecht zur Zeichnungsebene verläuft. Wenn die Strahlen auch nur schwach abgelenkt werden, so gelangen sie nicht mehr zwischen die Platten, und der Strom wird unterdrückt. Die Bahn der Strahlen ist durch die Bleimassen *BB'B''* sowie durch die Polschuhe des Elektromagneten begrenzt; wenn die Strahlen abgelenkt werden, so werden sie von den Bleimassen *B* und *B'* absorbirt.

Die erhaltenen Resultate hängen wesentlich von dem Abstand *AD* der Strahlungsquelle *A* von dem Beginn des Kondensators bei *D* ab. Ist die Entfernung *AD* ziemlich groß (größer als 7 cm), so wird der größte Teil (etwa 90 Proz.) der Radiumstrahlung, die den Kondensator erreicht, von einem Magnetfelde von 2500 Einheiten abgelenkt und unterdrückt. Diese Strahlen sind die β-Strahlen. Ist die Entfernung *AD* kleiner als 65 mm, so wird ein weniger beträchtlicher Teil der Strahlen vom Felde abgelenkt; dabei wird dieser Teil bereits vollständig in einem Felde von 2500 Einheiten abgelenkt, so daß eine Erhöhung der Feldstärke auf 7000 Einheiten keine Vermehrung des beseitigten Bruchteiles der Strahlung hervorbringt.

Der durch das Feld nicht abgelenkte Bruchteil der Strahlung ist um so größer, je kleiner die Entfernung zwischen der Strahlungsquelle und dem Kondensator. Für sehr kleine Abstände bilden die ablenkbaren Strahlen nur noch einen ganz geringen Bruchteil der Gesamtstrahlung.

Die durchdringenden Strahlen bestehen also zum großen Teil aus ablenkbaren Strahlen von der Art der Kathodenstrahlen (β-Strahlen).

Mit der soeben beschriebenen Anordnung konnte die Wirkung des Magnetfeldes auf die α-Strahlen bei den angewandten Feldstärken kaum beobachtet werden. Die sehr beträchtliche, scheinbar unablenkbare Strahlung, die man bei kleinem Abstande von der Strahlungsquelle beobachtete, bestand aus α-Strahlen; die bei großer Entfernung beobachtete unablenkbare Strahlung bestand aus γ-Strahlen.

Filtrirt man das Bündel durch ein Absorptionsmittel (Aluminium, oder schwarzes Papier), so werden die hindurchgehenden Strahlen fast alle im Magnetfelde abgelenkt, so daß durch den Absorptionsschirm und das Magnetfeld zusammen fast die ganze Strahlung im Kondensator unterdrückt wird; der übrig bleibende Rest besteht nur noch aus γ-Strahlen, deren Menge gering ist. Die α-Strahlen werden von dem Schirm absorbirt.

Ein Aluminiumblatt von 0,01 mm Dicke genügt, um fast alle schwer ablenkbaren Strahlen zu unterdrücken, wenn die Substanz sich ziemlich weit entfernt vom Kondensator befindet; für kleinere Abstände (34 und 51 mm) sind zwei Aluminiumblätter von 1 bis 100 mm nötig, um dasselbe Resultat zu erreichen.

Ähnliche Messungen mit ganz analogem Resultat wurden an vier strahlenden Substanzen (Chloriden und Karbonaten) von sehr verschiedener Aktivität gemacht.

Man findet bei allen Präparaten, daß die magnetisch ablenkbaren durchdringenden Strahlen (β-Strahlen) nur einen geringen Bruchteil der Gesamtstrahlung ausmachen; sie kommen bei den Messungen nur wenig in

Betracht, wenn man die Gesamtstrahlung benutzt, um die Luft leitend zu machen.

Auch die Poloniumstrahlung kann mittels der elektrischen Methode beobachtet werden. Wenn man die Entfernung *AD* des Poloniums vom Kondensator variirt, so bemerkt man zuerst, so lange die Entfernung ziemlich groß ist, gar keinen Strom; nähert man das Polonium, so bemerkt man, daß für eine gewisse Entfernung, die bei dem untersuchten Präparat 4 cm betrug, die Strahlung sich plötzlich mit großer Intensität bemerkbar macht; der Strom wächst dann gleichmäßig, wenn man das Polonium weiter nähert, doch bringt das Magnetfeld unter diesen Bedingungen keinen merklichen Effekt hervor. Es sieht so aus, als ob die Poloniumstrahlen im Raume begrenzt wären und in Luft kaum eine Art von Scheidewand überschritten, die die Substanz im Abstande von einigen Centimetern umgiebt.

Ich muß hier einige wichtige allgemeine Einschränkungen bezüglich der Deutung der soeben beschriebenen Versuche machen. Wenn ich von dem durch den Magneten abgelenkten Bruchteil der Strahlung spreche, so handelt es sich dabei nur um diejenigen Strahlen, die im Stande sind, einen Strom im Kondensator zu erzeugen. Wenn man als Reagenz für die Becquerelstrahlen die Fluorescenz oder die Wirkung auf die photographische Platte benutzte, so würde der Bruchteil wahrscheinlich ein andrer werden; eine Intensitätsmessung hat eben im allgemeinen nur einen Sinn für die gerade angewandte Meßmethode.

Die Poloniumstrahlen sind von der Art der α-Strahlen. Bei den soeben beschriebenen Versuchen wurde keinerlei Einfluß des Magnetfeldes auf diese Strahlen bemerkt, doch war die Anordnung derartig, daß eine schwache Ablenkung unbemerkbar bleiben mußte.

Versuche mittels der radiographischen Methode bestätigten die Resultate der obigen Versuche. Benutzt man Radium als Strahlungsquelle und fängt die Strahlen auf einer Platte auf, die parallel zum ursprünglichen Strahlenbündel und senkrecht zum Felde steht, so erhält man die sehr scharfe Spur zweier durch das Feld getrennter Strahlenbündel, von denen das eine abgelenkt ist, das andre nicht. Die β-Strahlen bilden das abgelenkte Bündel; die nur sehr wenig abgelenkten α-Strahlen vermischen sich fast ganz mit dem unabgelenkten Bündel der α-Strahlen.

e) Ablenkbare β-Strahlen.

Es folgte aus den Versuchen der Herren *Giesel* und *Meyer* und *v. Schweidler*, daß die Strahlung der radioaktiven Körper wenigstens zum Teil vom Magnetfeld abgelenkt wird, und daß diese Ablenkung ebenso geschieht wie bei den Kathodenstrahlen. Herr *Becquerel*[55-57] hat die Wirkung des Feldes auf die Strahlen mittels der radiographischen Methode untersucht. Die benutzte Anordnung war die der Fig. 4. Das Radium befand sich in einer Bleischale *P*, die auf der Schichtseite einer in schwarzes Papier eingehüllten photographischen Platte *AC* stand. Das Ganze befand sich zwischen den Polen eines Elektromagneten, dessen Feld senkrecht zur Zeichnungsebene verlief.

Wenn das Feld von vorn nach hinten gerichtet ist, so wird der Teil *BC* der Platte von Strahlen getroffen, die nach Zurücklegung kreisförmiger Bahnen auf die Platte zurückgeworfen werden und sie in rechtem Winkel schneiden. Diese Strahlen sind β-Strahlen.

Becquerel zeigte, daß das Bild aus einem breiten diffusen Bande, einem richtigen kontinuirlichen Spektrum besteht, woraus hervorgeht, daß das von der Quelle ausgesandte ablenkbare Strahlenbündel aus einer unendlichen Zahl verschieden ablenkbarer Strahlen besteht. Bedeckt man die Schicht der Platte mit verschiedenen Absorptionsmitteln (Papier, Glas, Metalle), so wird ein Teil des Spektrums unterdrückt, und es ergiebt sich, daß diejenigen Strahlen, die am stärksten im Magnetfelde abgelenkt werden, oder anders ausgedrückt, diejenigen, deren Bahn den kleinsten Krümmungsradius hat, am stärksten absorbirt werden. Für jeden Schirm beginnt die Einwirkung auf die Platte erst bei einem gewissen Abstand von der Strahlungsquelle, und dieser Abstand ist um so größer, je stärker der Schirm absorbirt.

f) Ladung der ablenkbaren Strahlen.

Die Kathodenstrahlen sind, wie *Perrin*[58,59] gezeigt hat, mit negativer Elektrizität geladen. Sie vermögen ferner nach den Versuchen der Herren *Perrin* und *Lenard*[60] ihre Ladung durch mit der Erde verbundene Metallschirme und durch isolirende Substanzen hindurch zu transportiren. An jeder Stelle, wo Kathodenstrahlen absorbirt werden, findet eine kontinuirliche Entwicklung negativer Elektrizität statt. Wir stellten fest, daß dasselbe für die ablenkbaren β-Strahlen des Radiums stattfindet. **Die ablenkbaren β-Strahlen sind mit negativer Elektrizität geladen**[61].

Die radioaktive Substanz sei auf einer der Platten eines Kondensators ausgebreitet und die Platte zur Erde abgeleitet; die zweite mit dem Elektrometer verbundene Platte empfängt und absorbirt die von der Substanz emittirten Strahlen. Wenn die Strahlen geladen sind, so sollte man einen kontinuirlichen Elektrizitätszufluß zum Elektrometer erwarten. Als wir dieses Experiment in Luft ausführten, konnten wir keine Ladung der Strahlen nachweisen, aber in dieser Form ist der Versuch auch nicht empfindlich genug. Die Luft zwischen den Platten wird durch die Strahlen leitend gemacht, das Elektrometer ist also nicht mehr isolirt und kann nur ziemlich starke Ladungen anzeigen. Damit die α-Strahlen den Versuch nicht stören, kann man sie durch Bedeckung der Strahlungsquelle mit einem dünnen Metallschirm unterdrücken; das Resultat des Versuchs wird dadurch nicht geändert.[10]

Wir haben den Versuch in Luft ohne besseren Erfolg wiederholt, indem wir die Strahlen in das Innere eines mit dem Elektrometer verbundenen *Faraday*schen Cylinders eindringen ließen.[11]

Man konnte sich schon nach den vorangehenden Versuchen davon Rechenschaft geben, daß die Ladung der von dem angewandten Präparat ausgehenden Strahlung nur schwach sein konnte.

Um eine schwache Elektrizitätsentwicklung auf einem die Strahlen absorbirenden Leiter zu konstatiren, muß der Leiter elektrisch gut isolirt sein; dazu muß man ihn aber vor der Einwirkung der Luft schützen, indem man ihn entweder in ein sehr vollkommen evakuirtes Gefäß bringt,[12] oder ihn mit einem guten festen Dielektrikum umgiebt. Die letztere Anordnung wurde von uns benutzt.

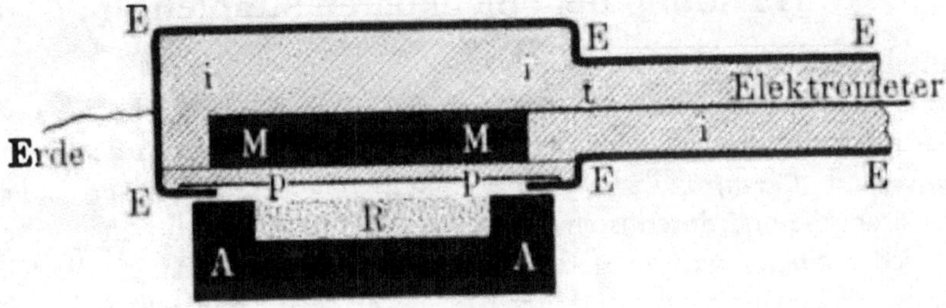

Fig. 6

Eine leitende Scheibe *MM* (Fig. 6) ist durch einen Metallstab *t* mit dem Elektrometer verbunden; Scheibe und Stab sind vollständig von dem Isolirmittel *iiii* umgeben; das ganze ist von einer Metallhülle *EEEE* umgeben, die in leitender Verbindung mit der Erde steht. Auf einer Seite der Scheibe sind Isolirschicht *pp* und Metallhülle sehr dünn. Diese Seite ist der Strahlung des Radium-haltigen Baryumsalzes *R* ausgesetzt, das sich frei in einem Bleitrog befindet.[13] Die von dem Radium emittirten Strahlen durchsetzen die Metallhülle und die isolirende Schicht *pp* und werden in der Metallscheibe *MM* absorbirt. Diese wird dadurch der Sitz einer kontinuirlichen und konstanten Entwicklung negativer Elektrizität, die man am Elektrometer konstatirt und mittels des piezoelektrischen Quarzes mißt.

Der so erzeugte Strom ist sehr schwach. Mit sehr aktivem Radium-haltigen Baryumchlorid in einer Schicht von 2,5 cm Oberfläche und 0,2 cm Dicke erhält man einen Strom von der Größenordnung 10^{-11} Ampere, nachdem die benutzten Strahlen vor ihrer Absorption in der Scheibe *MM* eine Aluminiumschicht von 0,01 mm und eine Hartgummischicht von 0,3 mm Dicke durchsetzt haben.

Wir haben hintereinander Blei, Kupfer und Zink für die Scheibe *MM*, Hartgummi und Paraffin als Isolirmittel benutzt; die erhaltenen Resultate waren dieselben. Der Strom wird schwächer, wenn man die Strahlungsquelle *R* entfernt, oder ein schwächer aktives Präparat benutzt.

Dieselben Resultate erhielten wir, als wir die Scheibe *MM* durch einen mit Luft gefüllten, aber von einem Isolirmittel umhüllten *Faraday*schen Cylinder ersetzten. Die durch die dünne isolirende Platte *pp* verschlossene Öffnung des Cylinders befand sich der Strahlungsquelle gegenüber.

Endlich haben wir auch den umgekehrten Versuch gemacht, der darin besteht, daß man den Bleitrog mit dem isolirenden Medium umgiebt und mit dem Elektrometer verbindet (Fig. 7), während das Ganze mit einer geerdeten Metallhülle umgeben ist.

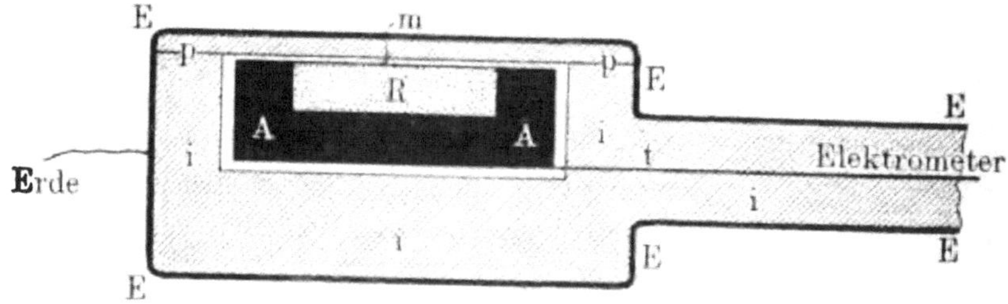

Fig. 7

Bei dieser Anordnung beobachtet man am Elektrometer, daß das Radium eine positive Ladung von gleicher Größe annimmt, wie die negative bei dem ersten Versuch. Die Strahlen des Radiums durchdringen die dünne Schicht *pp* und nehmen beim Verlassen des inneren Leiters negative Elektrizität mit sich fort.

Die α-Strahlen des Radiums kommen bei diesen Versuchen nicht in Betracht, da sie schon in sehr dünnen Schichten fester Substanz fast vollständig absorbirt werden. Die soeben beschriebene Methode eignet sich auch nicht für die Untersuchung der Poloniumstrahlen, da diese ebenfalls wenig Durchdringungsvermögen besitzen. Wir bemerkten keine Spur einer Ladung beim Polonium, das nur α-Strahlen emittirt; aus dem eben genannten Grunde kann man jedoch aus diesem Versuch keinen Schluß ziehen.

Es findet also bei den ablenkbaren β-Strahlen des Radiums, ebenso wie bei den Kathodenstrahlen, ein Transport von Elektrizität statt. Nun hat man bisher niemals die Existenz elektrischer Ladungen gekannt, die nicht an Materie geknüpft waren. Man kam also dazu, sich für die Untersuchung der ablenkbaren β-Strahlen des Radiums derselben Theorie zu bedienen, die augenblicklich für die Kathodenstrahlen in Gebrauch ist. Nach dieser ballistischen Theorie, die von Sir W. *Crookes* aufgestellt, später von Herrn J. J. *Thomson* entwickelt und vervollständigt ist, bestehen die Kathodenstrahlen aus äußerst feinen Teilchen, die von der Kathode mit großer Geschwindigkeit fortgeschleudert werden und mit negativer Elektrizität geladen sind. Man kann also annehmen, daß das Radium negativ geladene Partikel in den Raum hinaussendet.

Ein Radiumpräparat, das in einer dünnen, vollkommen isolirenden festen Hülle eingeschlossen ist, muß sich von selbst auf ein sehr hohes Potential laden. Nach der ballistischen Hypothese müßte dieses Potential so lange anwachsen, bis die Potentialdifferenz gegen die umgebenden Leiter genügend groß wird, um die Entfernung der emittirten elektrisirten Teilchen zu verhindern und sie zur Strahlungsquelle zurückzuführen.[14]

Wir haben durch Zufall ein derartiges Experiment gemacht. Ein sehr aktives Radiumpräparat war seit langem in einem Glasröhrchen eingeschlossen. Um das Röhrchen zu öffnen, machten wir einen Strich mit einem Glasmesser auf dem Glase. In diesem Moment hörten wir deutlich das Geräusch eines Funkens, und als wir darauf das Glas mit einer Lupe untersuchten, fanden wir, daß es an der durch den Strich geschwächten Stelle von einem Funken durchbohrt war. Dieser Vorgang ist durchaus vergleichbar mit der Durchbrechung des Glases einer zu stark geladenen Leydenerflasche.

Die gleiche Erscheinung wiederholte sich mit einer andren Röhre. Ja, Herr *Curie*, der die Röhre hielt, spürte sogar im Moment, als der Funke übersprang, in seinen Fingern einen elektrischen Entladungsschlag.[15]

Gewisse Gläser sind sehr gute Isolatoren. Wenn man das Radium in ein zugeschmolzenes, gut isolirendes Röhrchen einschließt, kann man erwarten, daß in einem bestimmten Moment die Röhre von selbst durchbohrt wird. **Das Radium ist das erste Beispiel eines Körpers, der sich von selbst elektrisch ladet.**

g) Wirkung des elektrischen Feldes auf die ablenkbaren β-Strahlen des Radiums.

Da die ablenkbaren β-Strahlen des Radiums den Kathodenstrahlen vergleichbar sind, so müssen sie von einem elektrischen Felde in derselben Weise wie diese abgelenkt werden, d. h. wie ein negativ geladenes, träges Teilchen, das mit großer Geschwindigkeit in den Raum hinausgeschleudert wird. Die Existenz dieser Ablenkung wurde einerseits von Herrn Dorn,[64] andrerseits von Herrn *Becquerel*[57] nachgewiesen.

Betrachten wir einen Strahl, der den Raum zwischen den beiden Platten eines Kondensators durchsetzt. Die Strahlrichtung sei parallel zu den Platten. Wenn man zwischen diesen ein elektrisches Feld erzeugt, so ist der Strahl der Einwirkung dieses gleichförmigen Feldes längs seines ganzen Weges l zwischen den Kondensatorplatten unterworfen. Infolge dieser Einwirkung wird der Strahl nach der positiven Platte hin abgelenkt und beschreibt einen Parabelbogen; wenn er das Feld verläßt, setzt er seinen Weg geradlinig fort in Richtung der Tangente an den Parabelbogen im Austrittspunkt. Man kann den Strahl auf einer photographischen Platte auffangen, die senkrecht zur ursprünglichen Richtung steht. Man beobachtet die Wirkung auf die Platte für das Feld Null und für eine bekannte Feldstärke, und leitet daraus den Wert δ der Ablenkung ab, die gleich der Entfernung der beiden Punkte ist, in denen die neue und die ursprüngliche Strahlrichtung dieselbe zur ursprünglichen Richtung senkrechte Ebene treffen. Wenn h die Entfernung dieser Ebene vom Kondensator, d. h. von der Grenze des Feldes ist, so erhält man durch eine einfache Rechnung:

$$\delta = \frac{eFl(l/2 + h)}{mv^2},$$

wobei m die Masse des bewegten Teilchens, e seine Ladung, v seine Geschwindigkeit und F die Feldstärke bedeutet.

Die Versuche *Becquerel*s gestatteten ihm eine angenäherte Bestimmung von δ.

h) Verhältniß von Ladung zur Masse eines vom Radium emittirten negativ geladenen Teilchens.

Ein träges Teilchen von der Masse m und der negativen Ladung e werde mit der Geschwindigkeit v in ein gleichförmiges Magnetfeld hineingeschleudert, das senkrecht zur ursprünglichen Geschwindigkeit verläuft; das Teilchen beschreibt dann in einer Ebene, die durch die Anfangsrichtung geht und senkrecht zum Felde steht, einen Kreisbogen vom Krümmungsradius ϱ, für den, wenn H die Feldstärke bedeutet, die Beziehung gilt:

$$H\varrho = mv / e.$$

Wenn man für ein und denselben Strahl die elektrische Ablenkung δ und den Krümmungsradius ϱ in einem magnetischen Felde gemessen hat, so kann man aus den beiden Versuchen die Werte für e / m und die Geschwindigkeit v berechnen.

Die *Becquerel*schen Versuche lieferten eine erste Annäherung hierfür. Sie ergaben für e / m einen angenäherten Wert von 10^7 absoluten elektromagnetischen Einheiten, und für v einen Wert von $1,6 \cdot 10^{10}$ cm/sek. Diese Zahlen sind von derselben Größenordnung wie bei den Kathodenstrahlen.

Genaue Untersuchungen über denselben Gegenstand wurden von Herrn *Kaufmann*[65-68] gemacht. Er unterwarf ein sehr feines Bündel von Radiumstrahlen der gleichzeitigen Einwirkung eines elektrischen und eines magnetischen Feldes, die beide gleichförmig und gleichgerichtet waren, und zwar senkrecht zur ursprünglichen Richtung des Bündels. Das Bild auf einer Platte, die senkrecht zur ursprünglichen Richtung und von der Quelle aus gerechnet jenseits der Grenzen des Feldes aufgestellt war, erhält die Form einer Kurve, von der jeder Punkt einem der Strahlen des ursprünglichen heterogenen Bündels entspricht. Die am stärksten durchdringenden und am wenigsten ablenkbaren Strahlen sind dabei diejenigen, deren Geschwindigkeit die größte ist.

Aus den Versuchen *Kaufmann*s folgt, daß für die Radiumstrahlen, deren Geschwindigkeit wesentlich größer ist als die der Kathodenstrahlen, das Verhältniß e / m mit zunehmender Geschwindigkeit abnimmt.

Nach den Arbeiten von *J. J. Thomson*[69] und *Townsend*[70] müssen wir annehmen, daß das bewegte Teilchen, aus dem der Strahl besteht, eine Ladung besitzt, die gleich ist derjenigen, die ein Wasserstoffatom in der Elektrolyse transportirt, daß also diese Ladung für alle Strahlen dieselbe ist. Man muß daraus schließen, daß die Masse des Teilchens mit zunehmender Geschwindigkeit wächst.

Nun führen aber theoretische Betrachtungen zu der Anschauung, daß die Trägheit des Teilchens mit der Bewegung der Ladung eng zusammenhängt, da die Geschwindigkeit einer in Bewegung befindlichen Ladung nicht ohne Energieaufwand verändert werden kann. Anders ausgedrückt: Die Trägheit des Teilchens ist elektromagnetischen Ursprungs und die Masse des Teilchens ist wenigstens zum Teil eine scheinbare oder elektromagnetische Masse. Herr *Abraham*[71] geht noch weiter und nimmt an, daß die Masse des Teilchens völlig elektromagnetischen Ursprungs ist. Wenn man nach dieser Hypothese die Masse m für eine gegebene Geschwindigkeit v berechnet, so findet man, daß m unendlich groß wird, wenn v sich der Lichtgeschwindigkeit nähert und daß m einen konstanten Wert annimmt, wenn die Geschwindigkeit klein gegen die des Lichtes ist. Die Versuche Kaufmanns sind in Übereinstimmung mit dieser Theorie, deren Wichtigkeit groß ist, da sich die Möglichkeit voraussehen läßt, die Grundlagen der Mechanik auf der Dynamik kleiner geladener und in Bewegung befindlicher Centra aufzubauen.[16]

Folgendes sind die von Herrn *Kaufmann* für e / m und für v erhaltenen Zahlen[17]:

$v \cdot 10^{-10}$	$e / m \cdot 10^{-7}$ **beobachtet**	$e / m \cdot 10^{-10}$ **aus dem Wert von** v **berechnet**
2,90	0,692	0,722
2,82	0,835	0,861
2,74	0,972	0,953
2,60	1,07	1,08
2,48	1,16	1,18
2,36	1,24	1,25
2,24	1,29	1,32
2,12	1,33	1,38
0,53	1,865*	1,78
0,00	---	1,80

* (beobachtet von *Simon*[73] für Kathodenstrahlen.)

Herr *Kaufmann* schloß aus seinen Versuchen, daß der Grenzwert von *e* / *m* für Radiumstrahlen sehr kleiner Geschwindigkeit[18] derselbe sein würde, wie für Kathodenstrahlen.

Seine genauesten Messungen hat *Kaufmann* mit einem ihm von uns zur Verfügung gestellten kleinen Körnchen reinen Radiumchlorides gemacht.

Nach den Versuchen *Kaufmanns* besitzen gewisse Teile der β-Strahlung des Radiums eine Geschwindigkeit, die der des Lichtes ganz nahe kommt. Es ist verständlich, daß diese so schnellen Strahlen ein sehr großes Durchdringungsvermögen der Materie gegenüber besitzen.

i) Wirkung des Magnetfeldes auf die α-Strahlen.

In einer neueren Arbeit kündigte Herr *Rutherford*[74] an, daß in einem sehr starken elektrischen oder magnetischen Felde die α-Strahlen des Radiums schwach abgelenkt werden, derart, wie es bei schnell bewegten, positiv geladenen Teilchen der Fall sein würde. *Rutherford* schloß aus seinen Versuchen, daß die Geschwindigkeit der α-Strahlen von der Größenordnung $2,5 \cdot 10^9$ cm/sek und das Verhältniß e / m von der Größenordnung $6 \cdot 10^3$ wäre, d. h. 10^4mal kleiner als die ablenkbaren β-Strahlen. Weiter unten soll gezeigt werden, daß diese Schlüsse *Rutherfords* mit den bisher bekannten Eigenschaften der α-Strahlen in Einklang sind und zum Teil wenigstens von dem Absorptionsgesetz dieser Strahlen Rechenschaft geben.

Die Versuche *Rutherfords* wurden von Herrn *Becquerel*[75,76] bestätigt. *Becquerel* zeigte ferner, daß die Poloniumstrahlen sich im Magnetfelde ebenso wie die α-Strahlen des Radiums verhielten und bei gleicher Feldstärke denselben Krümmungsradius anzunehmen scheinen wie diese. Aus den *Becquerel*schen Versuchen folgt ferner, daß die α-Strahlen kein magnetisches Spektrum zu bilden scheinen, sondern sich wie eine homogene Strahlung verhalten, bei der alle Strahlen gleich stark abgelenkt werden.[19]

k) Wirkung des Magnetfeldes auf die Strahlen andrer radioaktiver Substanzen.

Es wurde im Vorangehenden gezeigt, daß das Radium drei Strahlenarten emittirt, nämlich α-Strahlen, die den Kanalstrahlen, β-Strahlen, die den Kathodenstrahlen verwandt sind, und nicht ablenkbare durchdringende γ-Strahlen. Das Polonium emittirt nur α-Strahlen. Von den andren radioaktiven Körpern scheint das Aktinium sich wie das Radium zu verhalten, doch ist die Untersuchung der Strahlung dieses Körpers noch nicht so weit fortgeschritten, wie die der Radiumstrahlung. Von den schwach radioaktiven Körpern weiß man jetzt, daß das Uran und das Thor sowohl α-Strahlen, als auch ablenkbare β-Strahlen emittiren (*Becquerel*, *Rutherford*).

1) Verhältniß der ablenkbaren β-Strahlen in der Radiumstrahlung.

Wie bereits gesagt, vermehrt sich die relative Intensität der β-Strahlen mit zunehmender Entfernung von der Strahlungsquelle. Dennoch treten diese Strahlen niemals allein auf, und für große Entfernungen beobachtet man immer auch das Vorhandensein von γ-Strahlen. Das Vorhandensein nicht ablenkbarer, sehr durchdringender Strahlen in der Radiumstrahlung wurde zuerst von Herrn *Villard*[78] beobachtet. Diese Strahlen bilden nur einen geringen Anteil der Strahlung, wenn man sie mit der elektrischen Methode mißt, und ihr Vorhandensein entging uns bei unsren ersten Versuchen, sodaß wir damals mit Unrecht glaubten, daß bei großer Entfernung die Strahlung nur ablenkbare Strahlen enthielte.

Folgendes sind die numerischen Resultate, die bei Versuchen nach der elektrischen Methode mit einem Apparat entsprechend dem der Fig. 5 erhalten wurden. Das Radium war von dem Kondensator nur durch die umgebende Luft getrennt. Ich bezeichne mit *d* den Abstand der Strahlungsquelle vom Kondensator. Setzt man den Strom, der ohne Magnetfeld für jede einzelne Entfernung erhalten wurde, gleich 100, so bedeuten die Zahlen der zweiten Zeile den bei Erregung des Feldes übrigbleibenden Strom. Diese Zahlen können als der prozentuale Anteil der α- und γ-Strahlen betrachtet werden, da die Ablenkung der α-Strahlen bei der benutzten Anordnung kaum bemerkbar sein konnte.

Bei großen Entfernungen hat man keine α-Strahlen mehr und die unabgelenkte Strahlung besteht dann nur noch aus γ-Strahlen.

Versuche bei kleinem Abstand:

d in cm	3,4	5,1	6,0	6,5
Unabgelenkte Strahlen in Proz.	74	56	33	11

Versuche bei großem Abstand, mit einem bedeutend aktiveren Präparat als bei der vorigen Reihe:

d in cm	14	30	53	80	98	124	157
Unabgelenkte Strahlen in Proz.	12	14	17	14	16	14	11

Man sieht, daß von einer gewissen Entfernung an der Anteil der nicht abgelenkten Strahlen in der Strahlung annähernd konstant ist. Diese Strahlen gehören wahrscheinlich alle zu den γ-Strahlen. Die Unregelmäßigkeiten der Zahlen in der zweiten Zeile wollen übrigens nicht viel bedeuten, wenn man bedenkt daß die Totalintensität des Stromes in den beiden äußersten

Versuchen im Verhältniß 660 zu 10 stand. Die Messungen konnten bis zu einer Entfernung von 1,57 m von der Strahlungsquelle ausgedehnt werden, und wir wären jetzt im Stande, noch weiter zu gehen.

Bei der folgenden Versuchsreihe war das Radium in einem sehr engen Glasröhrchen eingeschlossen, das unter dem Kondensator und parallel zu den Platten sich befand. Die emittirten Strahlen hatten, ehe sie zu dem Kondensator gelangten, eine gewisse Glas- und Luftschicht zu passiren:

d in cm	2,5	3,3	4,1	5,9	7,5	9,6	11,8	13,9	17,2
Unabgelenkte Strahlen in Proz.	88	33	21	16	14	10	9	9	10

Wie in den früheren Versuchen konvergiren die Zahlen der zweiten Zeile gegen einen konstanten Grenzwert, wenn die Entfernung *d* wächst, aber die Grenze wird praktisch schon für einen kleineren Abstand erreicht als in den früheren Reihen, weil die α-Strahlen in dem Glase stärker absorbirt werden, als die β- und γ-Strahlen.

Auch folgender Versuch zeigt, daß eine dünne Aluminiumschicht (von 0,01 mm Dicke) hauptsächlich die α-Strahlen absorbirt. Wenn das Präparat 5 cm vom Kondensator entfernt war, so fand man, durch Erregung des Magnetfeldes, daß das Verhältniß der übrigen Strahlen zu den β-Strahlen 71 Proz. betrug. Bedeckt man das Präparat mit dem Aluminiumblatt, so findet man, daß bei derselben Entfernung die durcbgelassene Strahlung fast vollständig vom Magnetfeld abgelenkt wird, weil die α-Strahlen von dem Blatt absorbirt worden sind. Dasselbe Resultat erhält man mit Papier als Absorptionsschirm.

Der größte Teil der Radiumstrahlung besteht aus α-Strahlen, die wahrscheinlich hauptsächlich von der Oberfläche der strahlenden Substanz emittirt werden. Wenn man die Dicke der strahlenden Schicht variirt, so wächst die Stromstärke mit dieser Dicke; die Vermehrung ist aber nicht für die Gesamtheit der Strahlen der Zunahme der Dicke proportional; sie ist für die β-Strahlen viel beträchtlicher als für die α-Strahlen, derart, daß der relative Anteil der β-Strahlen mit wachsender Schichtdicke zunimmt. Wenn die Strahlungsquelle sich 5 cm vom Kondensator entfernt befindet, so findet man für eine Dicke der aktiven Schicht von 0,4 mm, daß die Gesamtstrahlung durch die Zahl 28 gegeben ist und der Anteil der β-Strahlen 29 Proz. beträgt. Macht man die Schicht 2 mm dick, d. h. fünfmal dicker, so erhält man eine Gesamtstrahlung gleich 102 und einen Anteil der β-Strahlen von 45 Proz. Die bei dieser Entfernung beobachtete Gesamtstrahlung ist also auf das 3,6fache und die ablenkbare β-Strahlung auf das 5fache gestiegen.

Die vorstehenden Versuche wurden mittels der elektrischen Methode ausgeführt. Benutzt man die radiographische Methode, so scheinen gewisse Resultate mit dem Vorstehenden in Widerspruch. Bei den Versuchen von Herrn *Villard* wurde ein der Wirkung des Magnetfeldes ausgesetztes Bündel von Radiumstrahlen auf einem Satze von photographischen Platten aufgefangen. Das unablenkbare und durchdringende γ-Strahlenbündel durchsetzte alle Platten und zeichnete seine Spur auf allen. Das abgelenkte β-Bündel wirkte nur auf die erste Platte ein. Dieses Bündel scheint also keine Strahlen von großem Durchdringungsvermögen zu enthalten.

Im Gegensatz dazu besteht bei unsren Versuchen ein in Luft sich fortpflanzendes Bündel bei den größten der Beobachtung zugänglichen Entfernungen zu ungefähr $^9/_{10}$ aus ablenkbaren β-Strahlen, und dasselbe ist der Fall, wenn die Strahlungsquelle in eine kleine zugeschmolzene Glasröhre eingeschlossen ist. Bei den Versuchen *Villards* wirken diese ablenkbaren und durchdringenden β-Strahlen nicht mehr auf die hinteren Platten ein, weil sie von dem ersten festen Hinderniß, das sie treffen, nach allen Seiten diffundirt werden und dadurch aufhören ein begrenztes Bündel zu bilden. Bei unsren Versuchen wurden die von dem Radium emittirten und das Glas durchsetzenden Strahlen wahrscheinlich auch von dem Glas diffundirt; da aber die Röhre sehr klein war, so wirkte sie selbst als Strahlenquelle für die von ihrer Oberfläche ausgehenden ablenkbaren β-Strahlen und wir konnten dieselben bis zu großen Entfernungen von der Röhre beobachten.

Die Kathodenstrahlen der Entladungsröhren können nur sehr dünne Schirme durchdringen (Aluminiumschirme bis zu 0,01 mm Dicke). Ein Strahlenbündel, das senkrecht auf den Schirm trifft, wird nach allen Seiten zerstreut; aber die Zerstreuung ist um so weniger beträchtlich, je dünner der Schirm, und für sehr dünne Schirme existirt ein austretendes Bündel, das merklich in die Verlängerung des einfallenden Bündels fällt[79].

Die ablenkbaren β-Strahlen des Radiums verhalten sich ähnlich, doch ist die Veränderung, die das Bündel bei einem Schirm von derselben Dicke erfährt, viel weniger groß. Nach den Versuchen Becquerels werden die stark ablenkbaren β-Strahlen des Radiums (d. h. diejenigen, deren Geschwindigkeit klein ist) von einem Aluminiumschirm von 0,1 mm Dicke stark zerstreut; die durchdringenderen und weniger ablenkbaren Strahlen jedoch (kathodenstrahlartige mit großer Geschwindigkeit) durchdringen denselben Schirm ohne merkliche Zerstreuung und ohne Deformation des Bündels, und zwar unabhängig von der Neigung des Schirmes gegen das Bündel. Die sehr schnellen β-Strahlen durchdringen ohne Zerstreuung eine ziemlich dicke Schicht von Paraffin (einige Centimeter) und man kann in dieser Schicht die Krümmung des Bündels unter der Einwirkung eines Magnetfeldes verfolgen. Je dicker der Schirm ist und je absorbirender seine

Substanz, um so mehr wird das ursprüngliche ablenkbare Bündel verändert, weil in dem Maße, wie die Schichtdicke wächst, die Zerstreuung beginnt, sich an immer durchdringenderen Strahlen bemerkbar zu machen.

Die Luft bewirkt eine Zerstreuung der β-Strahlen, die zwar für die stark ablenkbaren Strahlen sehr bemerkbar ist, jedoch viel weniger in Betracht kommt als die von gleichen Dicken fester Körper hervorgerufene. Deshalb breiten sich die β-Stahlen des Radiums in Luft auf große Entfernungen hin aus.

m) Durchdringungsvermögen der Strahlung der radioaktiven Substanzen.

Vom Beginn der Untersuchungen über die radioaktiven Substanzen an beschäftigte man sich mit der Absorption, die verschiedene Schirme auf die Strahlung dieser Körper ausüben. In einer ersten Notiz über diesen Gegenstand veröffentlichte ich[15] einige Zahlen, die am Beginn dieser Schrift mitgeteilt sind und aus denen das relative Durchdringungsvermögen der Uran- und Thorstrahlung zu ersehen ist. Herr *Rutherford*[17] untersuchte specieller die Uranstrahlung und wies ihre Heterogenität nach. Herr *Owens*[26] kam zu demselben Schluß bezüglich der Thorstrahlung. Als sodann die Entdeckung der stark aktiven Substanzen erfolgte, wurde das Durchdringungsvermögen ihrer Strahlen sogleich von mehreren Physikern untersucht (*Becquerel*[80], *Meyer* und *v. Schweidler*[81], *Curie*, *Rutherford*). Die ersten Beobachtungen zeigten unzweifelhaft die Heterogenität der Strahlung, die ein allgemeines Phänomen zu sein und allen radioaktiven Stoffen zuzukommen scheint. Man befindet sich da Strahlungsquellen gegenüber, die eine Gesamtheit von Strahlen emittiren, deren jeder sein eigenes Durchdringungsvermögen hat. Die Frage komplicirt sich noch dadurch, daß man untersuchen muß, in welchem Maße die Natur der Strahlung beim Hindurchgang durch materielle Körper modificirt werden kann, und daß infolgedessen jede Messungsreihe eine präcise Bedeutung nur für die gerade angewandte Versuchsordnung hat.

Unter Berücksichtigung dieser Einschränkungen kann man versuchen, die verschiedenen Versuche miteinander zu vergleichen und die Gesamtheit der Resultate darzustellen.

Die radioaktiven Körper emittiren eine Strahlung, die sich in Luft und im Vakuum fortpflanzt; die Fortpflanzung ist geradlinig; diese Tatsache wird durch die Schärfe und die Form der Schatten bewiesen, die man erhält, wenn man für die Strahlung undurchsichtige Körper zwischen die Quelle und die photographische Platte oder den als Empfänger dienenden Fluorescenzschirm stellt, wobei die Quelle klein sein muß gegen die Entfernung vom Empfänger. Verschiedene Versuche, die die geradlinige Ausbreitung der Strahlung des Urans, des Radiums und des Poloniums beweisen, sind von Herrn *Becquerel*[82,83] ausgeführt worden.

Es ist interessant, die Entfernung von der Quelle zu bestimmen, bis zu der die Strahlen sich in Luft fortpflanzen können, Wir stellten fest, daß das Radium Strahlen aussendet, die in mehreren Metern Abstand in Luft beobachtet werden konnten. Bei einigen unsrer elektrischen Messungen fand eine Einwirkung der Strahlungsquelle auf die Luft im Kondensator noch bei einer Entfernung von 2 bis 3 m statt. Ebenso haben wir

Fluorescenzwirkungen und photographische Wirkungen noch bei Entfernungen von derselben Größenordnung erhalten.

Diese Versuche können nur mit sehr intensiven Strahlungsquellen ausgeführt werden, da, abgesehen von der Absorption der Luft, die Wirkung auf den Empfänger im umgekehrten Verhältniß des Entfernungsquadrats variirt, wenn die Quelle von kleinen Dimensionen ist. Diese sich in große Entfernung vom Radium ausbreitende Strahlung enthält ebensowohl kathodenstrahlartige wie nicht ablenkbare Strahlen; die ablenkbaren Strahlen sind jedoch in der Mehrzahl, gemäß den oben angeführten Versuchen. Der größte Teil der Strahlen dagegen (die α-Strahlen) ist in Luft auf einen Abstand von etwa 7 cm von der Quelle begrenzt.

Ich machte einige Versuche mit Radium, das in einem kleinen Glasgefäß eingeschlossen war. Die aus diesem Gefäß hervorkommenden Strahlen durchmaßen einen gewissen Luftraum und wurden in einem Kondensator aufgefangen, der in gewöhnlicher Weise zur Messung ihres Ionisationsvermögens mittels der elektrischen Methode diente. Man veränderte die Entfernung *d* der Quelle vom Kondensator und maß den im Kondensator erhaltenen Sättigungsstrom. Folgendes sind die Resultate einer Messungsreihe:

d cm	i	$i \cdot d^2 \cdot 10^{-3}$
10	127,0	13
20	38,0	15
30	17,4	16
40	10,5	17
50	6,9	17
60	4,7	17
70	3,8	19
100	1,65	17

Von einem gewissen Abstand an ändert sich die Intensität der Strahlung merklich wie das Quadrat der Entfernung vom Kondensator.

Die Poloniumstrahlung breitet sich in Luft nur bis zu einer Entfernung von einigen Centimetern (4 bis 6 cm) von der Strahlungsquelle aus.

Betrachtet man die Absorption der Strahlung durch feste Körper, so findet man auch dabei einen fundamentalen Unterschied zwischen dem Radium und dem Polonium. Das Radium emittirt Strahlen, die eine dicke Schicht fester Körper zu durchdringen vermögen, z. B. einige Centimeter Blei oder Glas. Die Strahlen, die eine große Schichtdicke eines festen Körpers durchsetzt haben, sind außerordentlich durchdringend, und man kann sie praktisch überhaupt nicht vollständig durch irgend einen Körper absorbiren lassen. Aber diese Strahlen bilden nur einen geringen Bruchteil der Totalstrahlung, die im Gegensatz hierzu zum größten Teil bereits durch eine dünne Schicht fester Substanz absorbirt wird.

Das Polonium dagegen emittirt äußerst absorbirbare Strahlen, die nur sehr dünne Schichten fester Körper durchdringen können. Ich gebe als Beispiel einige Zahlen über die Absorption, die ein Aluminiumblatt von 0,01 mm Dicke hervorbringt. Dieses Blatt wurde über die Substanz gedeckt und war beinahe mit ihr in Berührung. Die direkte und die von dem Blatt durchgelassene Strahlung wurden mittels der elektrischen Methode (Fig. 1) gemessen; der Sättigungsstrom wurde in allen Fällen merklich erreicht. Ich bezeichne mit *a* die Aktivität der strahlenden Substanz, die des Urans gleich 1 gesetzt.

	a	**Von dem Blatt durchgelassener Bruchteil der Strahlung**
Radium-haltiges Baryumchlorid	57	0,32
Radium-haltiges Baryumbromid	43	0,30
Radium-haltiges Baryumchlorid	1200	0,30
Radium-haltiges Baryumsulfat	5000	0,29
Radium-haltiges Baryumsulfat	10000	0,32
Metallisches Wismut-Polonium	——	0,22
Uranverbindungen	——	0,20
Thorverbindungen in dünner Schicht	——	0,38

Man sieht hieraus, daß Radium-haltige Verbindungen von ganz verschiedener Aktivität ganz analoge Resultate geben, wie ich es bereits im

Anfang dieser Arbeit für die Uran- und Thorverbindungen gezeigt habe. Man sieht auch, wenn man die Gesamtstrahlung ins Auge faßt, daß dann für die betrachtete absorbirende Schicht die verschiedenen strahlenden Substanzen sich nach abnehmendem Durchdringungsvermögen ihrer Strahlen in folgender Reihenfolge ordnen: Thor, Radium, Polonium, Uran.

Diese Resultate sind in Übereinstimmung mit denen, die Herr *Rutherford*[84] in einer Arbeit über diesen Gegenstand veröffentlichte.

Rutherford findet übrigens, daß die Reihenfolge dieselbe ist, wenn Luft die absorbirende Substanz bildet. Es ist jedoch wahrscheinlich, daß diese Reihenfolge keine absolute Bedeutung hat und nicht unabhängig von der Natur und der Dicke des betrachteten Schirms besteht. Der Versuch zeigt ja tatsächlich, daß das Absorptionsgesetz für Polonium und Radium sehr verschieden ist, und daß man bei letzterem die Absorption jeder der drei Strahlenarten für sich betrachten muß.

Das Polonium ist besonders zur Untersuchung der α-Strahlen geeignet, da die in unsrem Besitz befindlichen Präparate keinerlei andre Strahlen emittiren. Ich machte eine erste Versuchsreihe mit frisch hergestellten und sehr stark aktiven Poloniumpräparaten.

Ich[44] fand, daß die Poloniumstrahlen um so absorbirbarer sind, je dicker die schon durchstrahlte Schicht von Materie ist. Dieses merkwürdige Absorptionsgesetz steht im Widerspruch mit dem für die andren Strahlungen bekannten.

Ich benutzte für diese Untersuchung unsren elektrischen Meßapparat in folgender Anordnung:

Fig. 8.

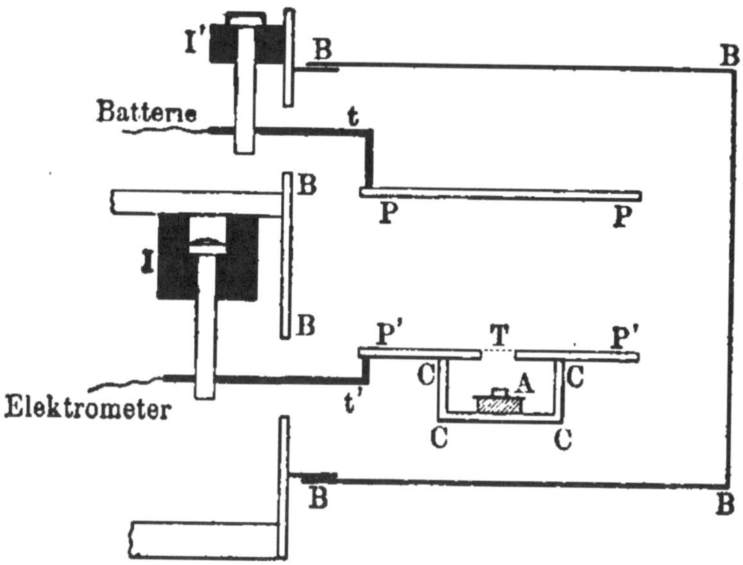

Fig. 8

Die beiden Platten eines Kondensators *PP* und *P'P'* (Fig. 8) stehen horizontal und sind durch einen mit der Erde verbundenen Metallkasten *BBBB* geschirmt. Der aktive Körper *A* befindet sich in einer dicken Metallbüchse *CCCC*, die an der Platte *P'P'* befestigt ist, und wirkt auf die Luft im Kondensator durch ein Metallnetz *T* hindurch; nur die das Metallgewebe durchsetzenden Strahlen werden zur Stromerzeugung benutzt, da das Feld an dem Gewebe endigt, Die Entfernung *AT* des aktiven Körpers von dem Gewebe ist veränderlich. Das Feld zwischen den Platten wird durch eine Batterie erzeugt; der Strom wird mittels eines Elektrometers und einen piezoelektrischen Quarzes gemessen. Indem man in *A* auf den aktiven Körper verschiedene Schirme aufsetzt und die Entfernung *AT* variirt, kann man die Absorption von Strahlen messen, die in Luft mehr oder weniger große Wege zurückgelegt haben.

Folgendes sind die mit Polonium erhaltenen Resultate:

Für einen gewissen Wert der Entfernung *AT* (4 cm und darüber) erhält man keinen Strom; die Strahlen dringen nicht in den Kondensator ein. Vermindert man den Abstand *AT*, so macht sich das Auftreten der Strahlen im Kondensator ziemlich plötzlich bemerkbar, derart, daß man durch eine sehr kleine Verringerung der Entfernung von einem sehr schwachen zu einem sehr merklichen Strome übergeht; von da ab wächst der Strom regelmäßig, wenn man den strahlenden Körper dem Gewebe *T* weiter annähert.

Wenn man die strahlende Substanz mit einem Alumiumblatt von 0,01 mm Dicke bedeckt, so ist die dadurch hervorgerufene Absorption um so größer, je größer die Entfernung *AT*.

Legt man auf das erste Aluminiumblatt ein gleiches zweites, so absorbirt jedes Blatt einen Bruchteil der auffallenden Strahlung; dieser Bruchteil ist für das zweite Blatt größer als für das erste, so daß das zweite stärker absorbirend erscheint.

Die folgende Tabelle enthält: In der ersten Zeile die Abstände zwischen dem Polonium und dem Gewebe *T* in Centimetern; in der zweiten Zeile den Anteil der von einem Aluminiumblatt durchgelassenen Strahlung in Prozenten; in der dritten Zeile den von zwei gleichen Aluminiumblättern durchgelassenen Anteil in Prozenten:

Entfernung *AT*	3,5	2,5	1,9	1,45	0,5
Von einem Blatt durchgelassene Strahlung in Prozenten	0,0	0,0	5,0	10,0	25,0
Von zwei Blättern durchgelassene Strahlung in Prozenten	0,0	0,0	0,0	0,0	0,7

Bei diesen Versuchen war der Abstand zwischen den Platten *P* und *P'* 3 cm. Man sieht, daß die Zwischenschaltung des Aluminiumblattes in größerer Entfernung die Strahlung in höherem Maße schwächt als in kleinerer Entfernung.

Dieser Effekt ist noch ausgesprochener, als aus den obigen Zahlen hervorzugehen scheint. So bedeutet z. B. die Durchdringung von 25 Proz. für den Abstand 0,5 den Mittelwert des Durchdringungsvermögens für alle Strahlen, die diese Entfernung überschreiten, wobei dasjenige für die äußersten Strahlen sehr schwach ist. Wenn man nur die Strahlen zwischen 0,5 und 1 cm auffinge, so würde man eine noch größere Durchdringung erhalten. Und in der Tat, wenn man die Platten *P* und *P'* einander auf 0,5 cm nähert, so beträgt der von einem Aluminiumblatt durchgelassene Bruchteil der ursprünglichen Strahlung (für *AT*: 0,5 cm) 47 Proz. und bei zwei Blättern 5 Proz.

Ich machte kürzlich eine neue Versuchsreihe mit denselben Poloniumpräparaten, deren Aktivität unterdessen beträchtlich abgenommen hatte, da zwischen beiden Versuchsreihen ein Zeitraum von drei Jahren lag.

Bei den alten Versuchen war das Polonium als Subnitrat verwandt; bei den neuen bestand es aus metallischen Körnern, die durch Schmelzung des Subnitrats mit Cyankalium erhalten waren. Ich stellte fest, daß die Poloniumstrahlung ihre wesentlichsten Charaktere behalten hatte, und fand auch einige neue Resultate. Folgende Bruchteile der Strahlung wurden für verschiedene Entfernungen AT von einem aus vier dünnen Schichten von Blattaluminium gebildeten Schirm durchgelassen:

Entfernung AT in Centimetern	0	1,5	2,6
Vom Schirm durchgelassene Proz. der Strahlung	76	66	39

Ich konstatirte ferner, daß die von einem bestimmten Schirm absorbirte Strahlung mit der Dicke der schon vorher von der Strahlung durchlaufenen festen Schicht wächst, doch gilt dies nur von einer bestimmten Entfernung AT ab. Wenn diese Entfernung Null ist (das Polonium also dicht an dem Netz, außerhalb oder innerhalb des Kondensators), so beobachtet man, daß von mehreren aufeinander gelegten gleichen Schirmen jeder denselben Bruchteil der auffallenden Strahlung absorbirt, oder anders ausgedrückt, daß die Intensität der Strahlung als Funktion der durchstrahlten Schichtdicke nach einem Exponentialgesetz abfällt, wie es für eine homogene und von der Schicht in ihrer Natur nicht veränderte Strahlung der Fall ist.

Ich teile einige Zahlenwerte über diese Versuche mit:

Bei einem Abstand $AT = 1,5$ cm läßt ein dünnes Aluminiumblatt 0,51 der auftretenden Strahlung durch, wenn es allein vorhanden ist, und bloß 0,34, wenn ein zweites gleiches Blatt darunter liegt.

Dagegen läßt dasselbe Blatt bei einer Entfernung $AT = 0$ in beiden Fällen denselben Bruchteil der auffallenden Strahlung hindurch; und zwar beträgt der Bruchteil 0,71, ist also viel größer als im ersten Falle.

Die folgenden Zahlen wurden für einen Abstand $AT = 0$ und eine Schicht von aufeinander liegenden sehr dünnen Blättern als Größe des von jedem Blatt hindurchgelasaenen Bruchteils der auf ihn fallenden Strahlung erhalten:

Neun aufeinander liegende dünne Kupferblätter	**Sieben aufeinander liegende dünne Aluminiumblätter**
0,72	0,69
0,78	0,94
0,75	0,95

Neun aufeinander liegende dünne Kupferblätter	Sieben aufeinander liegende dünne Aluminiumblätter
0,77	0,91
0,70	0,92
0,77	0,93
0,69	0,91
0,79	
0,68	

Unter Berücksichtigung der Schwierigkeiten bei der Verwendung sehr dünner Absorptionsschirme und ihrer genauen Übereinanderschichtung können die Zahlen in jeder Spalte als konstant angesehen werden; nur die erste Zahl in der Reihe für Aluminium zeigt eine stärkere Absorption an als die folgenden Zahlen.

Die α-Strahlen des Radiums verhalten sich wie die Poloniumstrahlen. Man kann diese Strahlen beinahe rein beobachten, wenn man die viel ablenkbareren β-Strahlen durch ein Magnetfeld zur Seite wirft; die γ-Strahlen kommen praktisch neben den α-Strahlen kaum in Betracht. Man kann jedoch nur von einem gewissen Abstand von der Quelle an so verfahren. Bei einem Versuch dieser Art wurden die folgenden Resultate erhalten. Es wurde der von einem Aluminiumblatt von 0,01 mm Dicke hindurchgelassene Bruchteil der Strahlung gemessen; dieses Blatt befand sich immer an derselben Stelle, dicht über der Strahlungsquelle. Man beobachtete mit dem in Fig. 5 dargestellten Apparat den Strom im Kondensator für verschiedene Werte des Abstandes *AD*, einmal mit, das andre Mal ohne den Schirm.

Abstand *AD*	6,0	5,1	3,4
Vom Aluminium durchgelassene Prozente der Strahlung	3	7	24

Auch hier werden also die Strahlen, die am weitesten durch Luft gegangen sind, vom Aluminium am stärksten absorbirt. Es besteht somit eine weitgehende Analogie zwischen den absorbirbaren α-Strahlen des Radiums und den Poloniumstrahlen.

Die ablenkbaren β-Strahlen und die nicht ablenkbaren γ-Strahlen sind dagegen ganz andrer Natur. Die Versuche mehrerer Physiker, vor allem der Herren *Meyer* und *v. Schweidler*[81] ergeben deutlich, daß, wenn man die Gesamtstrahlung des Radiums betrachtet, das Durchdringungsvermögen mit der bereits durchstrahlten Sohichtdicke wächst, wie es auch für die

Röntgenstrahlen der Fall ist. Bei diesen Versuchen kommen die α-Strahlen kaum in Betracht, weil diese Strahlen praktisch schon durch sehr dünne Schirme beseitigt werden. Was hindurchgeht, das sind einerseits die mehr oder weniger diffundirten β-Strahlen, anderseits die wahrscheinlich den Röntgenstrahlen analogen γ-Strahlen.

Ich teile einige Resultate meiner diesbezüglichen Versuche mit:

Das Radium ist in einem Glasgefäß eingeschlossen. Die austretenden Strahlen durchlaufen eine Luftschicht von 30 cm und werden in einer Reihe von Glasplatten von je 1,3 mm Dicke aufgefangen; die erste Platte läßt 49 Proz. der auffallenden Strahlung hindurch, die zweite 84 Proz. und die dritte 85 Proz.

Bei einer andren Versuchsreihe befand sich das Radium in einem Glasgefäß in 10 cm Abstand von dem auffangenden Kondensator. Auf das Gefäß wurden eine Reihe von Bleiplatten gelegt, die jede eine Dicke von 0,115 mm hatten. Das Verhaltniß der hindurchgelassenen zur auffallenden Strahlung für jede der aufeinander folgenden Platten ist durch folgende Zahlenreihe gegeben:

$0,40\ 0,60\ 0,72\ 0,79\ 0,89\ 0,92\ 0,94\ 0,94\ 0,97$

Für eine Reihe von vier Bleischirmen von je 1,5 mm Dicke wird das Verhaltniß der durchgelassenen zur auffallenden Strahlung durch folgende Zahlen gegeben:

$0,09\ 0,78\ 0,84\ 0,82.$

Aus diesen Versuchen geht hervor, daß bei einem Anwachsen der Schichtdicke von 0,1 mm bis zu 6 mm das Durchdringungsvermögen der Strahlung dauernd zunimmt. Ich fand unter gleichen Versuchsbedingungen, daß ein Bleischirm von 1,8 cm Dicke 2 Proz. der auf ihn fallenden Strahlung hindurchläßt; ein Bleischirm von 5,3 cm Dicke läßt noch 0,4 Proz. der auffallenden Strahlung hindurch. Ich konstatirte ferner, daß die von einem Bleischirm von 1,5 mm Dicke hindurchgelassene Strahlung zum großen Teil aus ablenkbaren (kathodenstrahlartigen) Strahlen bestand. Letztere sind also nicht nur im stande, große Entfernungen in Luft zu durchlaufen, sondern auch beträchtliche Schichtdicken von so stark absorbirenden festen Körpern wie Blei.

Wenn man mit dem in Fig. 2 dargestellten Apparat die Absorption der Gesamtstrahlung des Radiums durch ein Aluminiumblatt von 0,01 mm Dicke beobachtet, wobei das Blatt sich immer in derselben Entfernung von der strahlenden Substanz befindet, während die Entfernung *AD* des Kondensators verändert wird, so bilden die erhaltenen Resultate die Übereinanderlagerung der von den drei Strahlengruppen herrührenden

Ergebnisse. Beobachtet man bei großem Abstand, so überwiegen die durchdringenden Strahlen und die Absorption ist schwach; beobachtet man bei kleinem Abstand, so überwiegen die α-Strahlen und die Absorption ist um so schwächer, je mehr man sich der Substanz nähert; für eine mittlere Entfernung hat die Absorption ein Maximum und das Durchdringungsvermögen ein Minimum.

Abstand *AD*	7,1	6,5	6,0	5,1	3,4
Vom Aluminium durchgelassene Prozente der Strahlung	91	82	58	41	48

Gleichwohl zeigen gewisse Absorptionsversuche doch eine gewisse Analogie zwischen den α-Strahlen und den ablenkbaren β-Strahlen.

So fand z. B. Herr *Becquerel*, daß die absorbirende Wirkung eines festen Schirmes auf die β-Strahlen zunimmt, wenn man die Entfernung des Schirmes von der Quelle vergrößert; wenn man also die Strahlen der Einwirkung eines Magnetfeldes unterwirft, wie in Fig. 4, so läßt ein unmittelbar auf die Strahlungsquelle gelegter Schirm einen größeren Teil des magnetischen Spektrums bestehen als ein auf die photographische Platte gelegter Schirm. Diese Veränderung der Absorptionswirkung des Schirmes mit der Entfernung desselben von der Quelle ist ganz analog dem, was für die α-Strahlen gefunden; sie wurde von den Herren *Meyer* und *v. Schweidler* bestätigt, die sich der fluoroskopischen Methode bedienten; Herr *Curie* und ich beobachteten dieselbe Tatsache mit der elektrischen Methode. Die Entstehungsbedingungen dieses Phänomens sind noch nicht näher untersucht. Wenn man jedoch das Radium in ein Glasröhrchen einschließt und in ziemlich große Entfernung vom Kondensator bringt, der von einer dünnen Aluminiumhülle umgeben ist, so ist es gleichgültig, ob man den Schirm bei der Quelle oder beim Kondensator aufstellt; der erhaltene Strom ist in beiden Fällen derselbe.

Die Untersuchung der α-Strahlen hatte mich[44] zu der Ansicht geführt, daß diese Strahlen sich wie Projektile verhalten, die mit einer gewissen Geschwindigkeit fortgeschleudert werden und beim Passiren von Hindernissen an Geschwindigkeit verlieren. Gleichwohl besitzen diese Strahlen geradlinige Fortpflanzung, wie Herr *Becquerel* durch folgenden Versuch nachwies. Das die Strahlen emittirende Polonium befand sich in einer sehr feinen geradlinigen Vertiefung, die in ein Kartonblatt eingeschnitten war. Man hatte also eine lineare Strahlungsquelle. Ein Kupferdraht von 1,5 mm Durchmesser befand sich parallel zur Quelle in einem Abstand von 4,9 mm. Eine photographische Platte war parallel hierzu in einem Abstand von 8,65 mm aufgestellt. Nach einer Exposition von 10 Minuten erschien der geometrische Schatten des Drahtes in durchaus vollkommener Form, in den vorausberechneten Dimensionen und mit einem sehr feinen Halbschatten auf jeder Seite, der durchaus der Breite der Quelle entsprach. Der Versuch gelang ebenso, wenn man auf den Draht ein doppeltes Aluminiumblatt legte, das die Strahlen durchdringen mußten.

Es handelt sich also um Strahlen, die scharfe geometrische Schatten geben können. Der Versuch mit dem Aluminium zeigt, daß die Strahlen durch das Blatt nicht diffundirt werden und daß dieses auch nicht in nennenswerter Menge Sekundärstrahlen analog den sekundären Röntgenstrahlen emittirt.

Die Versuche *Rutherfords* zeigen, daß die Projektile, aus denen die α-Strahlen bestehen, im Magnetfeld abgelenkt werden, als seien sie positiv geladen. Die Ablenkung im Magnetfeld ist um so schwächer, je größer der Ausdruck mv / e ist, wobei m die Masse, v die Geschwindigkeit und e die Ladung des Teilchens bedeutet. Die Kathodenstrahlen des Radiums werden schwach abgelenkt, weil ihre Geschwindigkeit enorm ist; sie haben ferner ein großes Durchdringungsvermögen, weil die Teilchen gleichzeitig große Geschwindigkeit und sehr kleine Masse haben. Teilchen dagegen, die bei gleicher Ladung und kleinerer Geschwindigkeit eine viel größere Masse haben, werden zwar ebenso schwach ablenkbar im Magnetfelde sein, anderseits aber notwendig sehr absorbirbare Strahlen ergeben. Aus den Versuchen von Rutherford scheint hervorzugehen, daß dies für die α-Strahlen der Fall ist.

Um eine Wirkung der α-Strahlen handelt es sich wahrscheinlich bei dem schönen Versuch mit dem *Crookes*schen **Spinthariskop**[85]. Dieser Apparat besteht im wesentlichen aus einem Körnchen Radiumsalz, das am Ende eines Metalldrahtes vor einem Schirm aus phosphorescirendem Zinksulfid befestigt ist. Die Entfernung des Kornes vom Schirm ist sehr klein (etwa ⅓ mm) und man beobachtet mit einer Lupe die dem Radium zugewandte Seite des Schirmes. Das Auge bemerkt dann auf dem Schirme einen wahrhaften Regen von Lichtpunkten, die fortwährend erscheinen und wieder verschwinden. Der Schirm sieht aus wie der gestirnte Himmel. In den dem Radium benachbarten Punkten befinden die Lichtpunkte sich näher aneinander, und in unmittelbarer Nähe des Radiums erscheint das Leuchten kontinuirlich.

Durch einen Luftstrom scheint das Phänomen nicht beeinflußt zu werden; es tritt auch im Vakuum auf; ein noch so dünner Schirm zwischen dem Radium und dem Leuchtschirm unterdrückt es; die Erscheinung scheint also von den absorbirbarsten α-Strahlen des Radiums herzurühren.

Man kann sich vorstellen, daß das Erscheinen eines solchen Lichtpunktes auf dem phosphorescirenden Schirm von dem Stoße eines einzelnen Projektils herrühre. Von diesem Gesichtspunkte aus hätte man es hier also zum erstenmal mit einer Erscheinung zu tun, bei der man die Einzelwirkung eines Teilchens beobachten kann, dessen Dimensionen von der Größenordnung derjenigen eines Atome sind.[20]

Der Anblick der Lichtpunkte entspricht etwa dem von Sternen oder stark erleuchteten ultramikroskopischen Teilchen[87], die auf der Netzhaut keine scharfen Bilder erzeugen, sondern nur Beugungsscheibchen; dies ist in guter Übereinstimmung mit der Anschauung, daß jeder winzige Lichtpunkt von dem Stoß eines einzelnen Atoms herrührt.

Die nicht ablenkbaren durchdringenden γ-Strahlen scheinen ganz andrer Natur und mehr den Röntgenstrahlen analog zu sein. Es ist jedoch durch nichts bewiesen, daß nicht auch wenig durchdringende Strahlen gleicher Art in der Radiumstrahlung enthalten sein können, denn sie könnten durch die übrige Strahlung verdeckt sein.

Man sieht hieraus, ein wie komplicirtes Phänomen die Strahlung der radioaktiven Körper ist. Die Schwierigkeiten vermehren sich noch dadurch, daß man untersuchen muß, ob die Strahlen durch die Materie bloß selektiv absorbirt, oder ob sie auch mehr oder weniger weitgehend umgewandelt werden.

Man weiß erst sehr wenig über diese Frage. Wenn man jedoch annimmt, daß die Radiumstrahlung Strahlen von der Art der Röntgen- und der Kathodenstrahlen enthält, so kann man erwarten, daß diese Strahlung beim Durchschreiten von Schirmen transformirt wird. Es ist in der Tat bekannt:

1. Daß Kathodenstrahlen, die durch ein Aluminiumfenster aus der Entladungsröhre heraustreten (*Lenardscher Versuch*) im Aluminium stark diffundirt werden und gleichzeitig einen Geschwindigkeitsverlust erfahren[88]; so verlieren z. B. Kathodenstrahlen von einer Geschwindigkeit $v = 1,4 \cdot 10^{10}$ cm/sec 10 Proz. ihrer Geschwindigkeit beim Hindurchgang durch 0,01 mm dickes Aluminium[79].
2. Daß Kathodenstrahlen beim Auftreffen auf ein Hinderniß Röntgenstrahlen erzeugen.
3. Daß Röntgenstrahlen beim Auftreffen auf ein festes Hinderniß Sekundärstrahlen erzeugen, die zum Teil aus Kathodenstrahlen bestehen[89-91].

Man kann also nach Analogie die Existenz all dieser soeben beschriebenen Erscheinungen bei der Strahlung der radioaktiven Körper voraussetzen.

Bei der Untersuchung des Hindurchganges der Poloniumstrahlen durch einen Aluminiumschirm beobachtete Herr *Becquerel*[80] weder die Produktion von Sekundärstrahlen, noch eine Umwandlung in kathodenstrahlartige Strahlen.

Ich versuchte, eine Transformation der Poloniumstrahlen mittels der Methode der Vertauschung der Schirme nachzuweisen. Wenn zwei übereinander gelegte Schirme E_1 und E_2, von den Strahlen durchdrungen werden, so muß die Reihenfolge, in der sie durchlaufen werden, gleichgültig sein, falls die Strahlen hierbei nicht umgewandelt werden; wenn dagegen jeder Schirm die hindurchgelassenen Strahlen transformirt, so ist die Reihenfolge der Schirme nicht gleichgültig. Wenn z. B. die Strahlen beim Hindurchgang durch Blei in absorbirbarere verwandelt werden, das Aluminium dagegen diese Wirkung nicht in gleichem Maße besitzt, dann muß das System Blei-Aluminium undurchsichtiger erscheinen als das System Aluminium-Blei; bei Röntgenstrahlen ist dies tatsächlich der Fall.

Meine Versuche ergeben das Auftreten dieser Erscheinung bei den Poloniumstrahlen. Der benutzte Apparat war der in Fig. 8 dargestellte. Das Polonium befand sich in der Büchse *CCCC* und die natürlich sehr dünnen Schirme wurden auf das Metallnetz *T* gelegt.

Benutzte Schirme	**Dicke**	**Beobachtete Stromstärke**
Aluminium	0,01	+
Messing	0,005	17,9
Messing	0,005	+
Aluminium	0,01	6,7
Aluminium	0,01	+
Zinn	0,005	150,0
Zinn	0,005	+
Aluminium	0,01	125,0
Zinn	0,005	+
Messing	0,005	13,9
Messing	0,005	+
Zinn	0,005	4,4

Die Resultate beweisen also, daß die Strahlung durch feste Schirme umgewandelt wird. Dieser Schluß ist in Übereinstimmung mit den Versuchen, nach denen von zwei identischen Metallblättern, die übereinander gelegt sind, das erste weniger absorbirend erscheint als das zweite. Es ist hiernach wahrscheinlich, daß die transformirende Wirkung eines Schirmes um so größer ist, je weiter sich der Schirm von der Quelle entfernt befindet. Dieser Punkt ist jedoch noch nicht sichergestellt, und die Natur der Umwandlung noch nicht im einzelnen untersucht.

Ich wiederholte dieselben Versuche mit einem sehr aktiven Radiumsalz. Das Ergebniß war negativ. Ich beobachtete nur ganz unwesentliche Änderungen in der Intensität der Strahlung bei der Umkehrung der Schirme. Folgende Schirmsysteme wurden untersucht:

	Dicke mm		**Dicke mm**
Aluminium	0,55	und Platin	0,01
"	0,55	und Blei	0,1
"	0,55	und Zinn	0,005
"	1,07	und Kupfer	0,05
"	0,55	und Messing	0,005
"	1,07	und "	0,005
"	0,15	und Platin	0,01
"	0,15	und Zink	0,05
"	0,15	und Blei	0,1

Das System Blei-Aluminium zeigte sich ein wenig undurchsichtiger als das System Aluminium-Blei, doch war der Unterschied nicht groß.

Ich konnte also auf diese Weise eine merkliche Umwandlung der Radiumstrahlen nicht nachweisen. Gleichwohl beobachtete Herr *Becquerel* bei verschiedenen radiographischen Versuchen sehr kräftige Wirkungen, die von zerstreuten oder sekundären Strahlen herrührten, welch letztere von den die Radiumstrahlen auffangenden Schirmen emittirt wurden. Die wirksamste Substanz für die Emission von Sekundärstrahlen scheint das Blei zu sein.

n) Ionisirende Wirkung der Radiumstrahlen auf isolirende Flüssigkeiten.

Herr *Curie*[92] hat gezeigt, daß die Radium- und die Röntgenstrahlen auf flüssige Dielektrika wie auf Luft wirken, indem sie ihnen eine gewisse elektrische Leitfähigkeit erteilen. Die Versuchsanordnung war folgende (Fig. 9):

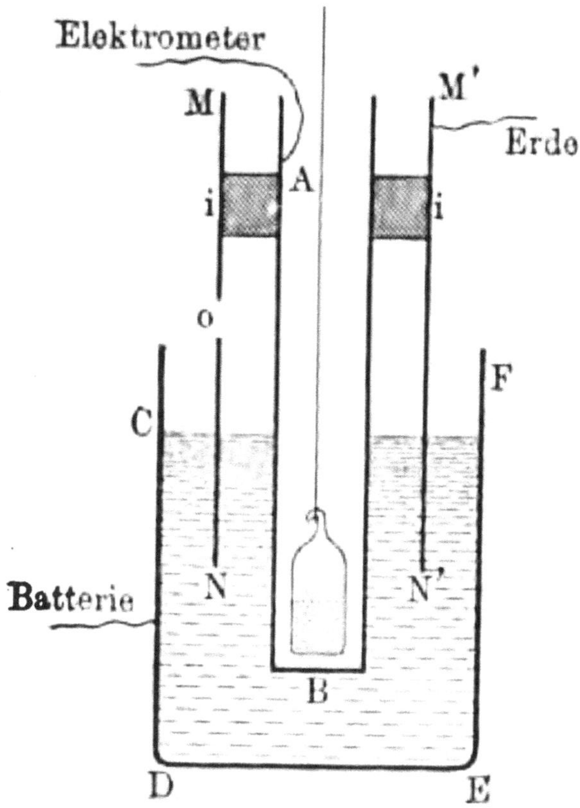

Fig. 9

Die zu untersuchende Flüssigkeit befand sich in einem metallischen Gefäß *CDEF*, in das ein dünnes Kupferrohr *AB* eintauchte; diese beiden Metallteile dienen als Elektroden. Das Gefäß wird mittels einer Batterie kleiner Akkumulatoren, deren einer Pol an Erde liegt, auf einem bekannten Potential erhalten. Die Röhre *AB* ist mit dem Elektrometer verbunden. Wenn ein Strom die Flüssigkeit durchfließt, so erhält man das Elektrometer mit Hülfe des pi"e{}zoelektrischen Quarzes auf Null und mißt dadurch den Strom. Das Kupferrohr *MNM'N'* ist mit der Erde verbunden und dient als

Schutzmantel, um einen Strom durch die Luft hindurch abzufangen. Ein Gefäß mit Radium-haltigem Baryumsalz kann in die Röhre *AB* eingesenkt werden; die Strahlen wirken auf die Flüssigkeit, nachdem sie das Glas des Gefäßes und die Metallwände der Röhre durchsetzt haben. Man kann das Radium auch wirken lassen, indem man das Glasgefäß unter den Boden *DE* legt.

Wenn man mit Röntgenstrahlen operirt, so läßt man sie durch den Boden *DE* eindringen.

Die Zunahme der Leitfähigkeit unter der Einwirkung der Radium- oder Röntgenstrahlen scheint für alle Dielektrika stattzufinden; um jedoch den Effekt nachweisen zu können, muß die eigene Leitfähigkeit der Flüssigkeit genügend schwach sein, um nicht die Wirkung der Strahlen zu verdecken.

Für Radium- und für Röntgenstrahlen hat Herr *Curie* Effekte von gleicher Größenordnung erhalten.

Wenn man mit derselben Anordnung die Leitfähigkeit der Luft oder eines andren Gases unter der Einwirkung der Becquerelstrahlen untersucht, so findet man, daß die Stromstärke nur so lange der Potentialdifferenz der Elektroden proportional ist, als diese nicht einige Volt überschreitet; bei höheren Spannungen dagegen wächst der Strom immer weniger schnell und der Sättigungsstrom wird praktisch bei einer Spannung von 100 Volt erreicht.

Die mit demselben Apparat und demselben sehr aktiven Präparat untersuchten Flüssigkeiten verhalten sich anders; die Stromstärke ist der Spannung proportional, wenn diese von 0 bis 450 Volt variirt, selbst wenn die Entfernung der Elektroden nicht größer ist als 6 mm. Man kann also die von einem Radiumsalz in verschiedenen Flüssigkeiten unter gleichen Bedingungen erzeugte **Leitfähigkeit** vergleichen. Die Zahlen der folgenden Tabelle geben die Leitfähigkeiten in reciproken Ohms pro Kubikcentimeter:

Schwefelkohlenstoff	$20,0 \cdot 10^{-14}$
Petroläther	$15,0 \cdot 10^{-14}$
Amylen	$14,0 \cdot 10^{-14}$
Chlorkohlenstoff	$8,0 \cdot 10^{-14}$
Benzin	$4,0 \cdot 10^{-14}$
Flüssige Luft	$1,3 \cdot 10^{-14}$

Vaselinöl	$1{,}6 \cdot 10^{-14}$

Man kann jedoch annehmen, daß die Flüssigkeiten und die Gase ein ähnliches Verhalten zeigen, und daß für die Flüssigkeiten die Proportionalitat zwischen Spannung und Strom nur bis zu höheren Spannungen reicht als für die Gase. Man könnte demnach in Analogie mit den Erscheinungen bei Gasen versuchen, diese Grenze herabzudrücken, indem man eine viel schwächere Strahlung anwendet. Der Versuch bestätigte diese Annahme; benutzte man ein 150mal weniger aktives strahlendes Präparat als das zu den ersten Versuchen dienende, so ergaben sich für Spannungen von 50, 100, 200 und 400 Volt die relativen Stromstärken 109, 185, 255, 335. Die Proportionalität besteht nicht mehr, aber der Strom wächst noch stark, wenn man die Spannungsdifferenz verdoppelt.

Manche von den untersuchten Flüssigkeiten sind fast vollkommene Isolatoren, wenn sie auf konstanter Temperatur erhalten und vor der Einwirkung der Strahlen geschützt werden. Hierzu gehören: Flüssige Luft, Petroläther, Vaselinöl, Amylen. Es ist hier also sehr leicht, den Effekt der Strahlen zu untersuchen. Vaselinöl ist viel weniger empfindlich gegen die Strahlen als Petroläther. Vielleicht kann man diese Tatsache mit der verschiedenen Flüchtigkeit der beiden Kohlenwasserstoffe in Verbindung bringen. Flüssige Luft, die in dem Versuchsgefäß eine Zeit lang gekocht hat, ist empfindlicher als frisch eingegossene; die von den Strahlen erzeugte Leitfähigkeit ist im ersten Falle um ein Viertel größer. Herr *Curie* untersuchte die Wirkung der Strahlen auf Amylen und Petroläther bei +10° und −17°. Die von der Strahlung herrührende Leitfähigkeit vermindert sich bloß um ein Zehntel, wenn man von 10° und −17° übergeht.

Bei Versuchen mit veränderlicher Temperatur der Flüssigkeit kann man entweder das Radium auf der Temperatur der Umgebung halten oder es auf dieselbe Temperatur bringen wie die Flüssigkeit; man erhält in beiden Fällen dasselbe Resultat. Dies bedeutet, daß die Radiumstrahlung sich nicht mit der Temperatur verändert und selbst bei der Temperatur der flüssigen Luft noch ihren Wert behält. Diese Tatsache wurde durch direkte Messungen bestätigt.[21]

o) Verschiedene Wirkungen, und Anwendungen der ionisirenden Wirkung der Strahlung radioaktiver Körper.

Die Strahlen der neuen radioaktiven Körper bewirken eine starke Ionisirung der Luft. Man kann durch die Wirkung des Radiums leicht die **Kondensation des übersättigten Wasserdampfes** hervorrufen, genau so, wie sie unter der Einwirkung von Röntgen- und Kathodenstrahlen stattfindet.

Unter dem Einfluß der von den neuen radioaktiven Substanzen emittirten Strahlen **wird die Funkenlänge zwischen zwei metallischen Leitern für eine gegebene Potentialdifferenz vergrößert;** oder anders ausgedrückt, der Funkenübergang wird durch die Strahlen erleichtert.

Diese Erscheinung rührt von den durchdringendsten Strahlen her. Wenn man nämlich das Radium mit einem Bleischirm von 2 cm Dicke umgiebt, so wird seine Wirkung auf den Funken nicht merklich geschwächt, obgleich die durch das Blei hindurchgehende Strahlung nur ein kleiner Bruchteil der Gesamtstrahlung ist.

Macht man durch die Einwirkung radioaktiver Substanzen die Luft in der Umgebung zweier metallischer Leiter, von denen der eine mit der Erde, der andre mit einem gut isolirten Elektrometer verbunden ist, leitend, so nimmt das Elektrometer eine dauernde Ablenkung an, an der man die elektromotorische Kraft der galvanischen Kette messen kann, die durch die Luft und die zwei Metalle gebildet wird (kontakt-elektromotorische Kraft der beiden Metalle, wenn sie durch Luft getrennt sind). Diese Methode wurde von Lord *Kelvin*[95] angewandt, wobei Uran die strahlende Substanz war; eine ähnliche Methode war früher von *Perrin*[96,97] angewandt worden, der die ionisirende Wirkung der Röntgenstrahlen benutzte.

Man kann die radioaktiven Substanzen zum Studium der atmosphärischen Elektrizität benutzen. Die aktive Substanz befindet sich in einer kleinen dünnen Aluminiumbüchse am Ende eines Metallstabes, der mit dem Elektrometer verbunden ist. Die Luft wird in der Umgebung des Stabendes leitend und der Stab nimmt das Potential der umgebenden Luft an. Das Radium ersetzt so vorteilhaft die Flammen oder die *Kelvin*schen Tropfapparate, die bis dahin allgemein zur Untersuchung der atmosphärischen Elektrizität benutzt wurden[98,99].

p) Fluorescenz- und Lichtwirkungen.

Die von den neuen radioaktiven Substanzen emittirten Strahlen erregen die Fluorescenz gewisser Körper. Herr *Curie* und ich haben diese Erscheinung zuerst entdeckt, indem wir das Polonium durch ein dünnes Aluminiumblatt hindurch auf eine Schicht von Baryumplatincyanür wirken ließen. Derselbe Versuch gelingt noch leichter mit genügend aktivem Radium-haltigen Baryum. Wenn die Substanz stark radioaktiv ist, so ist die erzeugte Fluorescenz sehr schön.

Die Zahl der Körper, die unter der Einwirkung der Becquerelstrahlen phosphorescirend oder fluorescirend werden können, ist sehr groß. Herr Becquerel untersuchte die Wirkung auf Uransalze, Diamant, Blende usw. Herr *Bary*[100] zeigte, daß die Salze der Alkalien und der alkalischen Erden, die unter der Wirkung des Lichtes und der Röntgenstrahlen fluoresciren, es auch unter der Wirkung der Radiumstrahlen tun. Man kann ferner die Fluorescenz von Papier, Baumwolle, Glas usw. in der Nähe des Radiums beobachten. Von verschiedenen Glassorten ist das Thüringerglas besonders helleuchtend. Metalle scheinen nicht leuchtend zu werden.

Das Baryumplatincyanür ist am geeignetsten zur Untersuchung der Strahlung der radioaktiven Körper mittels der fluoroskopischen Methode. Man kann die Wirkung der Radiumstrahlen auf Entfernungen bis über 2 m verfolgen. Phosphorescirendes Zinksulfid wird außerordentlich hell, doch hat dieser Körper die Unbequemlichkeit, seine Leuchtkraft einige Zeit nach dem Aufhören der Einwirkung der Strahlen zu bewahren.

Die Fluorescenzwirkung auf dem Schirme kann auch beobachtet werden, wenn das Radium vom Schirme durch absorbirende Körper getrennt ist. Wir beobachteten das Leuchten eines Baryumplatincyanür-Schirmes durch den menschlichen Körper hindurch. Die Wirkung ist jedoch unvergleichlich viel stärker, wenn der Schirm unmittelbar auf dem Radium liegt und durch keinen festen Körper von ihm getrennt ist. Alle Strahlengruppen scheinen im stande zu sein, die Fluorescenz hervorzubringen.

Um die Wirkung des Poloniums zu beobachten, muß man die Substanz dicht an den fluorescirenden Schirm heranbringen, ohne Zwischenschaltung eines festen Schirmes oder wenigstens nur eines äußerst dünnen.

Das Leuchten der den radioaktiven Substanzen ausgesetzten fluorescirenden Körper nimmt mit der Zeit ab. Gleichzeitig erleidet die fluorescirende Substanz eine Veränderung. Ich gebe einige Beispiele:

Die Radiumstrahlen verwandeln das Baryumplatincyanür in eine braune weniger hell leuchtende Modifikation. (Eine analoge Wirkung der Röntgenstrahlen wurde von Herrn *Villard* beschrieben.) Sie verändern ferner das Urankaliumsulfat, indem sie es gelb färben. Das verwandelte Baryumplatincyanür wird durch die Wirkung des Lichtes teilweise regenerirt. Man lege das Radium unter eine Schicht von Baryumplatincyanür, das auf Papier ausgebreitet ist, dann wird das Baryumplatincyanür leuchtend; wenn man das System in der Dunkelheit aufbewahrt, so verändert sich das Baryumplatincyanür und die Leuchtkraft sinkt beträchtlich. Setzt man dagegen das Ganze dem Licht aus, so wird das Platinsalz teilweise regenerirt, und wenn man sich in die Dunkelheit zurückbegiebt, so erscheint das Leuchten wieder ziemlich stark. Man hat also durch Kombination eines radioaktiven mit einem fluorescirenden Körper ein System hergestellt, das sich wie ein phosphorescirender Körper von langer Phosphorescenzdauer verhält.

Glas, das unter der Wirkung des Radiums fluorescirt, färbt sich braun bis violett. Gleichzeitig vermindert sich seine Fluorescenz. Erhitzt man das so veränderte Glas, so entfärbt es sich, und in dem Maße, wie die Entfärbung fortschreitet, emittirt das Glas Licht. Nachher hat das Glas seine Fähigkeit zu fluoresciren im gleichen Maße wie vor der Veränderung wiedergewonnen.

Zinksulfid, das der Wirkung der Radiumstrahlen genügend lange ausgesetzt war, erschöpft sich allmählich und verliert seine Fähigkeit unter der Wirkung des Radiums oder des Lichtes zu phosphoresciren.

Diamant phosphorescirt unter der Wirkung des Radiums und kann dadurch von den Imitationen in Straß unterschieden werden, die nur schwach leuchten.

Alle Radium-haltigen Baryumverbindungen **werden selbstleuchtend**[101,102]. Die wasserfreien und trocknen Haloidsalze emittiren ein besonders starkes Licht. Dieses Leuchten ist bei hellem Tageslicht nicht zu sehen, doch bemerkt man es leicht im Halbdunkel oder in einem mit Gas erleuchteten Zimmer. Das Licht kann ziemlich stark sein, so daß man beim Lichte einer geringen Substanzmenge im Dunkeln lesen kann. Das Licht geht von der ganzen Masse des Präparates aus, während bei einem gewöhnlichen phosphorescirenden Körper das Licht nur von der vorbelichteten Oberfläche ausgeht. Bei feuchter Luft verlieren die Radium-haltigen Präparate einen großen Teil ihrer Leuchtkraft, gewinnen sie jedoch durch Trocknen wieder (*Giesel*). Das Leuchtvermögen scheint dauernd zu sein. Nach mehreren Jahren scheint in dem Leuchten schwach aktiver Präparate, die in verschlossenen Röhren in der Dunkelheit aufbewahrt waren, keine Veränderung eingetreten zu sein. Bei sehr aktivem Radium-haltigen Baryumchlorid verändert sich im Laufe einiger Monate die Farbe des Lichtes; sie wird mehr violett und nimmt beträchtlich ab; gleichzeitig erfährt das Präparat einige Veränderungen; löst man das Salz in Wasser auf und trocknet es wieder, so erhält man wieder das ursprüngliche Leuchtvermögen.

Die Lösungen Radium-haltiger Baryumverbindungen, die einen starken Anteil Radium enthalten, leuchten ebenfalls; man kann dies beobachten, wenn man die Lösung in eine Kapsel aus Platin bringt, die, weil selbst nichtleuchtend, das schwache Licht der Lösung beobachten läßt.

Wenn eine Lösung Radium-haltigen Baryums ausgeschiedene Krystalle enthält, so leuchten diese in der Lösung, und zwar viel stärker als die Lösung selbst, so daß es aussieht, als leuchteten sie allein.

Herr *Giesel*[102] hat Radium-haltiges Baryumplatincyanür hergestellt. Wenn das Salz auskrystallisirt, so sieht es aus wie gewöhnliches Baryumplatincyanür und leuchtet sehr stark. Aber allmählich färbt sich das Salz von selbst und nimmt eine braune Farbe an, wobei gleichzeitig die Krystalle dichroitisch werden. In diesem Zustands ist das Salz viel weniger leuchtend, obgleich seine Aktivität zugenommen hat. Das von *Giesel* hergestellte Radiumplatincyanür verändert sich noch viel schneller.

Die Radiumverbindungen sind die ersten Beispiele von Substanzen, die von selbst leuchten.

q) Entwicklung von Wärme durch Radiumsalze.

Ganz neuerdings haben die Herren *Curie* und *Laborde*[103] gefunden, daß die Radiumsalze der Sitz einer fortwährenden selbsttätigen Wärmeentwicklung sind. Diese Wärmeentwicklung hat zur Folge, daß die Radiumsalze sich dauernd auf einer höheren Temperatur befinden als die Umgebung; der Temperaturüberschuß hängt natürlich von der thermischen Isolation der Substanz ab. Der Temperaturüberschuß kann durch einen ganz rohen Versuch mit zwei gewöhnlichen Quecksilberthermometern nachgewiesen werden. Man benutzt zwei gleich große *Dewar*-sche Vakuumgefäße (wie sie zum Aufbewahren von flüssiger Luft gebraucht werden. Anm. d. Übersetzers). In eines der beiden Gefäße bringt man ein Glasröhrchen mit 7 dg reinen Radiumbromids; in das andre bringt man ein ähnliches Röhrchen mit irgend einer inaktiven Substanz, etwa Baryumchlorid. Die Temperatur jedes der beiden Gefäße wird von dem Thermometer angezeigt, das man in unmittelbare Nähe der Röhrchen bringt. Die Öffnung der Gefäße wird mit Watte verschlossen. Wenn sich das Temperaturgleichgewicht hergestellt hat, so zeigt das Thermometer, das sich in der Nähe des Radiums befindet, dauernd eine höhere Temperatur an als das andre; der beobachtete Unterschied betrug 3°.

Man kann die vom Radium entwickelte Wärmemenge mit dem Bunsenschen Eiskalorimeter messen. Bringt man ein Röhrchen mit Radiumsalz in das Kalorimeter, so beobachtet man eine fortwährende Wärmezufuhr, die sofort aufhört, wenn man das Radium entfernt. Die Messung mit einem bereits vor längerer Zeit hergestellten Radiumsalz ergab, daß jedes Gramm Radium pro Stunde etwa 80 kleine Kalorien entwickelt. Das Radium entwickelt also während einer Stunde genügend viel Wärme, um eine gleich schwere Eismenge zu schmelzen, und ein Atomgramm (225 g) Radium würde in einer Stunde 18 000 Kalorien entwickeln, d. i. eine Wärmemenge, die vergleichbar ist mit der von einem Atomgramm (1 g) Wasserstoff bei seiner Verbrennung entwickelten. Eine derartige Wärmeentwicklung läßt sich durch keine gewöhnliche chemische Reaktion erklären, um so mehr, als der Zustand des Radiums jahrelang derselbe zu bleiben scheint. Man könnte annehmen, daß die Wärmeentwicklung von einer Umwandlung des Radiumatoms selbst herrührt, eine Umwandlung, die natürlich sehr langsam vor sich gehen muß. Wenn dem so ist, so müßte man annehmen, daß die bei der Bildung und Umwandlung von Atomen auftretenden Wärmemengen sehr groß sind und alles bis dahin bekannte übertreffen.

Man kann die vom Radium entwickelte Wärmemenge auch bestimmen, indem man sie dazu benutzt, ein verflüssigtes Gas zum Sieden zu bringen, und die sich entwickelnde Gasmenge mißt. Man kann den Versuch mit Methylchlorid ausführen (bei −21°). Die Herren *Dewar* und *Curie* führten den Versuch mit flüssigem Sauerstoff (bei −180°) und mit flüssigem Wasserstoff (bei −252°) aus. Der Wasserstoff eignet sich besonders gut zu dem Versuch. Ein mit einem Vakuummantel umgebenes Reagenzgläschen enthält den flüssigen Wasserstoff *H* (Fig. 10) und ist mit einem Rohr *t* versehen, mittels dessen das Gas über Wasser in einem geteilten Rohr *E* aufgefangen werden kann. *A* taucht mit seinem Mantel in ein Bad von flüssigem Wasserstoff *H'*. Unter diesen Umständen findet in *A* keine Gasentwicklung statt. Führt man dagegen in den im Reagenzgläschen enthaltenen flüssigen Wasserstoff ein Röhrchen mit etwa 7 dg Radiumbromid ein, so entsteht eine fortwährende Gasentwicklung, so daß man pro Minute 73 ccm Gas auffängt.

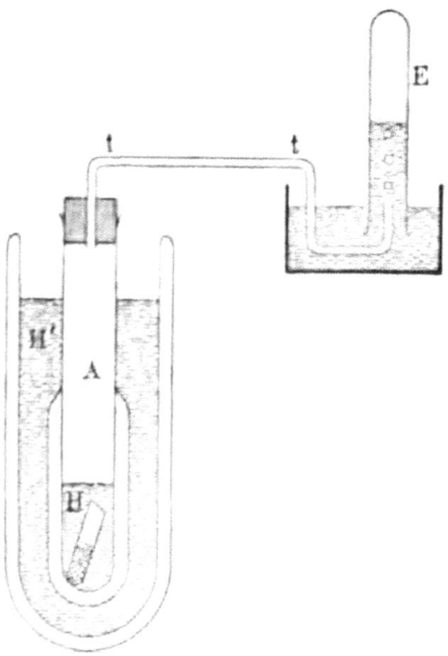

Fig. 10

Ein frisch hergestelltes festes Radiumsalz entwickelt nur relativ wenig Wärme; die Wärmeentwicklung wächst jedoch fortwährend und strebt einer Grenze zu, die jedoch nach einem Monat noch nicht völlig erreicht ist. Wenn man ein Radiumsalz auflöst, und die Lösung in ein verschlossenes Röhrchen bringt, so ist die von der Lösung entwickelte Wärmemenge zuerst schwach; sie vermehrt sich sodann und wird nach Verlauf eines Monats ziemlich konstant; die Wärmeentwicklung ist dann dieselbe, wie die des festen Salzes.

Wenn sich das Radiumsalz, dessen Wärmeentwicklung man im *Bunsen*schen Eiskalorimeter mißt, in einem Glasröhrchen befindet, so durchdringen gewisse, sehr wenig absorbirbare Strahlen das Röhrchen und das

Kalorimeter, ohne darin absorbirt zu werden. Um zu untersuchen, ob diese Strahlen eine merkliche Energiemenge mit sich führen, kann man die Messung wiederholen, nachdem man das Röhrchen mit einer 2 mm dicken Bleischicht umgeben hat; man findet, daß unter diesen Bedingungen die Wärmeentwicklung des Salzes um etwa 4 Proz. zugenommen hat; die vom Radium in Form sehr durchdringender Strahlen emittirte Energie ist also durchaus nicht zu vernachlässigen.

r) Chemische Wirkungen der neuen radioaktiven Substanzen. Färbungen.

Die von stark aktiven Körpern emittirten Strahlen sind im Stande, gewisse Umänderungen und chemische Reaktionen hervorzurufen. Die Strahlen der Radium-haltigen Präparate wirken färbend auf Glas und Porzellan[104]. Die meist braune oder violette Färbung des Glases ist sehr intensiv; sie entsteht in der Masse des Glases selbst und bleibt nach Entfernung des Radiums bestehen. Alle Gläser färben sich in mehr oder weniger langer Zeit und die Anwesenheit von Blei ist hierzu nicht nötig. Man kann diese Tatsache mit der neuerdings gemachten Beobachtung in Verbindung bringen, daß die Glaswände von lange in Gebrauch befindlichen Röntgenröhren sich färben.

Herr *Giesel* zeigte, daß die krystallisirten Haloidsalze der Alkalien (Steinsalz, Sylvin) sich unter dem Einfluß des Radiums ebenso färben, wie unter der Wirkung der Kathodenstrahlen. Gleichartige Färbungen erhält man nach *Giesel*[105], wenn man die Salze in Natriumdampf erhitzt.

Ich untersuchte die Färbung einer Reihe von Gläsern von bekannter Zusammensetzung, die mir hierfür von Herrn *Le Chatelier* freundlichst überlassen wurden. Ich beobachtete keine großen Unterschiede in der Färbung. Sie ist im allgemeinen violett, gelb, braun oder grau. Sie scheint an die Anwesenheit von Alkalimetallen geknüpft. Mit reinen krystallisirten Alkalisalzen erhält man lebhaftere und mehr veränderliche Farben; das ursprünglich weiße Salz wird blau, grün, gelbbraun usw.

Herr *Becquerel* zeigte, daß weißer Phosphor durch die Wirkung des Radiums in die rote Modifikation verwandelt wird.

Papier wird durch die Radiumwirkung verändert und gefärbt. Es wird zerbrechlich, zerfällt und gleicht schließlich einem vielmaschigen Siebe.

Unter gewissen Umständen findet in der Nähe stark aktiver Verbindungen Ozonentwicklung statt. Strahlen, die von einem verschlossenen Röhrchen mit Radium ausgehen, entwickeln in der durchstrahlten Luft kein Ozon. Dagegen tritt ein sehr starker Ozongeruch auf, wenn man das Röhrchen öffnet. Im allgemeinen entwickelt sich Ozon in der Luft, wenn diese in direkter Verbindung mit dem Radium steht. Die Verbindung selbst durch einen sehr engen Kanal ist ausreichend; es scheint, als ob die Ozonentwicklung mit der Fortpflanzung der inducirten Radioaktivität verknüpft sei, von der später die Rede sein wird.

Die Radium-haltigen Verbindungen scheinen sich im Laufe der Zeit zu verändern, wahrscheinlich unter der Einwirkung ihrer eigenen Strahlung. Oben war gezeigt worden, daß die Krystalle von Radium-haltigem Baryum im Moment des Ausfallens farblos sind und allmählich sich gelb bis orange, manchmal auch rosa färben; diese Färbung verschwindet beim Auflösen. Radium-haltiges Baryumchlorid entwickelt Oxydationsstufen des Chlors; das Bromid entwickelt Brom. Diese langsamen Umänderungen machen sich im allgemeinen erst einige Zeit nach der Herstellung des festen Produktes bemerkbar, das gleichzeitig sein Aussehen und seine Farbe ändert und gelb bis violett wird. Auch das emittirte Licht wird mehr violett.

Die reinen Radiumsalze scheinen dieselben Umwandlungen zu erfahren wie die Baryum-haltigen. Doch färben sich die aus saurer Lösung niedergeschlagenen reinen Chloridkrystalle noch nicht merklich in einer Zeit, die ausreicht, um den Baryum-haltigen Chloridkrystallen eine intensive Färbung zu erteilen.

s) Gasentwicklung in Gegenwart von Radiumsalzen.

Eine Lösung von Radiumbromid entwickelt fortwährend Gase[106]. Diese Gase bestehen hauptsächlich aus Wasserstoff und Sauerstoff in einem Mengenverhältniß, das nahezu der Zusammensetzung des Wassers entspricht; man kann deshalb annehmen, daß in Gegenwart der Radiumsalze sich das Wasser zersetzt. Die festen Radiumsalze (Chlorid und Bromid) geben ebenfalls zu einer fortwährenden Gasentwicklung Anlaß. Diese Gase werden in dem festen Salze okkludirt und entwickeln sich ziemlich reichlich, wenn man das Salz auflöst. Man findet in dem Gasgemenge Wasserstoff, Sauerstoff, Kohlensäure, Helium. Im Spektrum der Gase bemerkt man noch einige unbekannte Linien[107-109].

Den Gasentwicklungen kann man auch zwei Unfälle zuschreiben, die sich bei den Versuchen des Herrn *Curie* ereigneten. Ein sehr dünnes zugeschmolzenes Glasröhrchen, das beinahe vollständig mit festem trocknen Radiumbromid gefüllt war, explodirte zwei Monate nach der Verschließung unter der Einwirkung einer leichten Erhitzung. Die Explosion rührte wahrscheinlich von dem Drucke der eingeschlossenen Gase her. Bei einem andren Versuche kommunicirte eine Röhre mit ziemlich altem Radiumchlorid mit einem größeren Reservoir, das sehr weit evakuirt war. Als das Röhrchen rasch auf etwa 300° erhitzt wurde, explodirte das Salz; das Röhrchen wurde zerbrochen und das Salz weit umhergeschleudert. Im Augenblick der Explosion konnte in der Röhre gar kein merklicher Druck herrschen. Der Apparat war übrigens vorher einer versuchsweisen Erhitzung unter gleichen Versuchsbedingungen, aber ohne Radium, unterworfen gewesen, ohne daß ein derartiger Unfall eingetreten wäre.

Diese Versuche zeigen, daß es gefährlich ist, altes Radiumsalz zu erhitzen, und daß es ferner gefährlich ist, das Radium lange Zeit hindurch in einer geschlossenen Röhre aufzubewahren.

t) Entstehung von Thermoluminescenz

Gewisse Körper wie z. B. Flußspat werden leuchtend, wenn man sie erwärmt: sie sind thermoluminescirend; ihre Leuchtfähigkeit erschöpft sich nach einiger Zeit; sie erlangen jedoch ihre Fähigkeit, durch Erwärmung zu leuchten, wieder durch die Einwirkung eines Funkens oder des Radiums. Das Radium vermag also die thermoluminescirenden Eigenschaften dieser Körper wieder herzustellen[80]. Bei der Erhitzung erfährt der Flußspat eine Umwandlung, die von einer Lichtemission begleitet ist. Wenn der Flußspat sodann der Wirkung des Radiums ausgesetzt wird, so findet eine Umwandlung im entgegengesetzten Sinne statt, die ebenfalls von einer Lichtemission begleitet ist.

Ein durchaus analoges Phänomen findet statt, wenn man das Glas der Radiumwirkung aussetzt. Auch dort entsteht eine Unformung des Glases, während es unter der Wirkung der Radiumstrahlen leuchtet: diese Umformung wird ganz sicher bewiesen durch die dabei auftretende und sich stetig vermehrende Färbung. Erhitzt man sodann das veränderte Glas, so findet die umgekehrte Umwandlung statt, das Glas entfärbt sich und hierbei findet eine Lichtentwicklung statt. Es ist wohl sehr wahrscheinlich, daß man es hierbei mit einer chemischen Modifikation zu tun hat und daß die Lichtentwicklung an diese Modifikation geknüpft ist. Diese Erscheinung könnte allgemeiner Natur sein. Es könnte sein, daß die Fluorescenz unter der Einwirkung des Radiums und das Leuchten der Radium-haltigen Substanzen notwendig mit einer chemischen oder physikalischen Umwandlung der das Licht emittirenden Substanz verknüpft sind.

u) Radiographieen

Die radiographische Wirkung der neuen radioaktiven Substanzen ist sehr intensiv. Gleichwohl muß das anzuwendende Verfahren beim Polonium ein ganz anderes sein als beim Radium. Das Polunium wirkt nur auf sehr kleine Entfernungen und wird durch feste Schirme sehr geschwächt; die Wirkung läßt sich praktisch leicht durch einen dünnen Schirm unterdrücken. (1 mm Glas). Das Radium wirkt auf viel größere Entfernungen. Die radiographische Wirkung der Radiumstrahlen läßt sich in Luft noch auf Entfernungen von über 2 m beobachten, selbst wenn das strahlende Präparat in einem Glasröhrchen eingeschlossen ist. Die unter diesen Bedingungen wirkenden Strahlen gehören zur β- und γ-Gruppe. Dank den Unterschieden in der Durchlässigkeit verschiedener Körper für die Strahlen kann man, wie bei den Röntgenstrahlen mit verschiedenen Objekten, Radiographieen erhalten. Die Metalle sind im allgemeinen undurchsichtig, nur Aluminium ist sehr durchlässig. Zwischen Fleisch und Knochen besteht kein merklicher Unterschied in der Durchlässigkeit. Man kann mit großer Entfernung und sehr kleinen Strahlungsquellen arbeiten und erhält dann sehr scharfe Radiographieen. Es ist für die Schönheit der Bilder sehr vorteilhaft, die β-Strahlen durch ein Magnetfeld zur Seite zu werfen und nur die γ-Strahlen zu benutzen. Die β-Strahlen werden nämlich beim Durchstrahlen des abzubildenden Objektes einigermaßen diffundiert und rufen einen gewissen Schleier hervor. Wenn man sie unterdrückt, so muß man längere Zeit exponieren, erhält aber dafür schönere Besultate. Zur Radiographie eines Portemonais gebraucht man einen Tag mit einigen Centigrammen Radiumsalz als Strahlungsquelle, die in einer Glasröhre in 1 m Abstand von der empfindlichen Platte sich befinden, während das Objekt sich vor der Platte befindet. Befindet ich die Quelle in 20 cm Abstand von der Platte, so erhält man dasselbe Resultat in einer Stunde. In unmittelbarer Nachbarschaft der Strahlungsquelle wird die Platte augenblicklich beeinflußt.

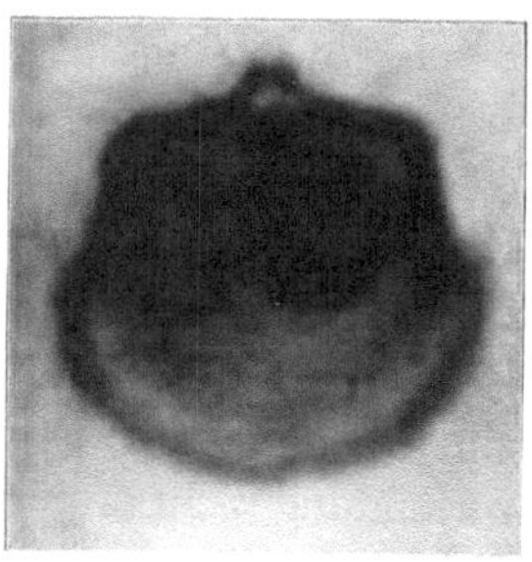

Fig. 11

v) Physiologische Wirkungen.

Die Radiumstrahlen üben eine Wirkung auf die Epidermis aus. Diese Wirkung wurde von Herrn *Walkhoff*[110] beobachtet und von Herrn *Giesel*[34] bestätigt, später auch von den Herren *Becquerel* und *Curie*[111].

Wenn man auf die Haut eine Celluloid- oder eine sehr dünne Gummikapsel legt, die sehr aktives Radiumsalz enthält, und einige Zeit darauf liegen läßt, so entsteht eine Rötung der Haut, entweder sofort oder nach Verlauf einer um so längeren Zeit, je schwächer und je kürzer dauernd die Einwirkung war; dieser rote Fleck erscheint an der Stelle, die der Wirkung ausgesetzt war; die lokale Veränderung der Haut ähnelt in Aussehen und Entwicklung einer Verbrennung. In manchen Fällen bildet sich eine Blase. Wenn die Exposition sehr lange gedauert hat, so bildet sich ein sehr schwer heilendes Geschwür. Bei einem Versuch ließ Herr *Curie* ein relativ wenig aktives Präparat 10 Stunden lang wirken. Die Rötung zeigte sich sofort und später entstand eine Wunde, die vier Monate zur Heilung erforderte. Die Epidermis war lokal zerstört und konnte sich nur sehr langsam und schwierig unter Entstehung einer sehr deutlichen Narbe neu bilden. Eine Radiumverbrennung nach halbstündiger Expositionsdauer erschien nach zwei Wochen, bildete eine Blase und heilte nach weiteren zwei Wochen. Eine andre Verbrennung, durch eine Exposition von nur acht Minuten hervorgerufen, verursachte einen roten Fleck, der nach zwei Monaten erschien und nur unbedeutende Wirkung hatte.

Die Wirkung des Radiums auf die Haut kann durch Metalle hindurch stattfinden; doch wird sie hierdurch geschwächt. Um sich vor der Wirkung zu schützen, soll man es vermeiden, das Radium lange bei sich herumzutragen, außer wenn man es in eine Bleihülle einschließt.

Die Wirkung des Radiums auf die Haut wurde von Herrn Dr. *Danlos* am Hospital Saint-Louis darauf hin untersucht, ob es zur Behandlung gewisser Hautkrankheiten geeignet sei, eine Methode, die der Behandlung mit Röntgenstrahlen oder mit ultraviolettem Lichte analog ist. Das Radium giebt in dieser Hinsicht ermutigende Resultate; die durch die Radiumwirkung stellenweise zerstörte Epidermis stellt sich in gesundem Zustande wieder her. Die Wirkung des Radiums ist tiefergehend als die des Lichtes, und seine Anwendung ist leichter als die des Lichtes und der Röntgenstrahlen. Die Untersuchung der Anwendungsbedingungen ist natürlich etwas langwierig, weil man den Effekt der Anwendung nicht unmittelbar beurteilen kann.

Herr *Giesel* bemerkte die Wirkung des Radiums auf Pflanzenblätter. Die der Wirkung unterworfenen Blätter werden gelb und zerfallen.

Herr *Giesel* entdeckte ferner die Wirkung der Strahlen auf das Auge. Wenn man in der Dunkelheit ein strahlendes Präparat in die Nähe des geschlossenen Augenlides oder der Schläfe bringt, so hat man die Empfindung einer das Auge erfüllenden Helligkeit. Die Erscheinung ist von den Herren *Himstedt* und *Nagel*[112] näher untersucht worden. Diese Physiker zeigten, daß alle Medien des Auges unter der Wirkung des Radiums fluorescirend werden, wodurch sich die beobachtete Lichtempfindung erklärt. Blinde, deren Netzhaut intakt ist, sind gegen die Einwirkung des Radiums empfindlich, während solche mit kranker Netzhaut keine von den Strahlen herrührende Lichtempfindung verspüren.

Die Radiumstrahlen verhindern oder hemmen die Entwicklung von Bakterienkulturen, doch ist diese Wirkung nicht sehr stark[113]. Neuerdings zeigte Herr *Danysz*[114], daß die Radiumstrahlen energisch auf Rückenmark und Gehirn wirken. Nach einer Einwirkung von einer Stunde entstehen Lähmungen bei den Versuchstieren, die meistens nach einigen Tagen sterben.

w) Wirkung der Temperatur auf die Strahlung.

Man weiß noch wenig darüber, in welcher Weise die Emission der radioaktiven Substanzen sich mit der Temperatur ändert. Doch ist bekannt, daß die Emission bei tiefen Temperaturen bestehen bleibt. Herr *Curie*[115] senkte ein Gefäß mit Radiumhaltigem Baryumchlorid in flüssige Luft. Das Leuchten des strahlenden Präparates bleibt hierbei bestehen. Im Moment, wo man die Röhre aus dem Kältebade herauszieht, scheint sie sogar stärker zu leuchten als vorher. Bei der Temperatur der flüssigen Luft fährt das Radium fort, die Fluorescenz des Urankaliumsulfats zu erregen. Herr Curie stellte durch elektrische Messungen, die in einiger Entfernung von der Strahlungsquelle ausgeführt wurden, fest, daß die Strahlung dieselbe Intensität besitzt, wenn das Radium sich auf der Temperatur der Umgebung befindet, wie wenn es sich in dem Gefäß mit flüssiger Luft befindet. Bei diesen Versuchen befand sich das Radium auf dem Boden einer einseitig geschlossenen Röhre. Die Strahlen traten durch das offene Ende der Röhre aus, passirten einen gewissen Luftraum und wurden in einem Kondensator aufgefangen. Man maß die Wirkung der Strahlen auf die Luft des Kondensators, indem man die Röhre entweder in freier Luft ließ oder sie bis zu einer gewissen Höhe mit flüssiger Luft umgab. Das erhaltene Resultat war in beiden Fällen dasselbe.

Wenn man das Radium auf eine hohe Temperatur erhitzt, so bleibt die Radioaktivität bestehen. Frisch gesehmolzenes (bei etwa 800°) Radium-Baryumchlorid ist radioaktiv und leuchtend. Längere Erhitzung auf hohe Temperatur hat jedoch eine zeitweise Abnahme der Radioaktivität des Präparates zur Folge. Diese Abnahme ist sehr bedeutend, sie kann 75 Proz. der Gesamtstrahlung betragen. Die relative Abnahme ist weniger bedeutend für die absorbirbaren als für die durchdringenden Strahlen, die durch die Erhitzung fast unterdrückt werden. Mit der Zeit nimmt die Strahlung des Präparates wieder die frühere Stärke und Zusammensetzung an; dieser Zustand wird etwa nach Verlauf von zwei Monaten nach der Erhitzung erreicht.

Viertes Kapitel. Inducirte Radioaktivität.

a) Mitteilung der Radioaktivität an ursprünglich inaktive Substanzen.

Im Laufe unserer Untersuchungen über die radioaktiven Körper bemerkten wir, Herr *Curie* und ich[116], daß jede Substanz, die sich einige Zeit in der Nachbarschaft eines Radium-haltigen Salzes befindet, selbst radioaktiv wird. Bei unserer ersten hierauf bezüglichen Publikation befaßten wir uns mit dem Nachweis, daß die so von ursprünglich inaktiven Substanzen erworbene Radioaktivität nicht etwa von einem Transport radioaktiven Staubes herrührt, der sich an der Oberfläche dieser Substanzen niedergeschlagen hätte. Diese jetzt ganz gesicherte Tatsache wird klar bewiesen durch die im Folgenden beschriebenen Versuche, und vor allen Dingen durch die Gesetze, nach denen die in ursprünglich inaktiven Stoffen hervorgerufene Radioaktivität verschwindet, wenn man sie der Einwirkung des Radiums entzieht.

Wir haben der so entdeckten neuen Erscheinung den Namen **inducirte Radioaktivität** gegeben.

In derselben Arbeit haben wir die Hauptmerkmale der inducirten Radioaktivität angegeben. Wir haben Platten von verschiedenen Substanzen aktivirt, indem wir sie in die Nachbarschaft fester Radium-haltiger Salze brachten und haben die Radioaktivität dieser Platten mittels der elektrischen Methode untersucht. Dabei beobachteten wir folgende Tatsachen:

1. Die Aktivität einer der Wirkung des Radiums ausgesetzten Platte wächst mit der Expositionsdauer und nähert sich asymptotisch einem gewissen Grenzwert.
2. Die Aktivität einer Platte, die vom Radium aktivirt und dann dieser Einwirkung entzogen wird, verschwindet nach einigen Tagen. Der Abfall der inducirten Aktivität gegen Null erfolgt nach einem asymptotischen Gesetz.
3. Bei sonst gleichen Bedingungen ist die von einem bestimmten Radium-haltigen Präparat auf verschiedenen Platten inducirte Radioaktivität unabhängig von der Natur der Platten. Glas, Papier, Metalle aktivirten sich in gleicher Stärke.
4. Die auf einer bestimmten Platte von verschiedenen Radium-haltigen Präparaten inducirte Radioaktivität hat einen um so höheren Grenzwert, je aktiver das Präparat ist.

Kurze Zeit darauf veröffentlichte Herr *Rutherford*[27,117] eine Arbeit, aus der folgt, daß die Thorverbindungen die Erscheinung der inducirten Radioaktivität hervorrufen können. *Rutherford* fand für diese Erscheinung dieselben Gesetze, wie die oben genannten, und entdeckte ferner die wichtige Tatsache, daß Körper, die negativ elektrisch geladen sind, sich stärker aktiviren als andere. *Rutherford* beobachtete ferner, daß Luft, die über Thorium-Oxyd gestrichen war, 10 Minuten lang eine merkliche Leitfähigkeit bewahrte. Die Luft teilt in diesem Zustande inducirte Radioaktivität an inaktive Substanzen mit, vor allem an solche, die negativ geladen sind. *Rutherford* interpretirte seine Versuche durch die Annahme, daß die Thorverbindungen, und vor allem das Oxyd, eine besondere radioaktive **Emanation** aussenden, die von Luftströmen mit fortgerissen wird und positiv geladen ist. Diese Emanation soll die Ursache der inducirten Radioaktivität sein. Herr *Dorn*[64] hat die Versuche, die *Rutherford* mit Thoroxyd gemacht hatte, mit Radium-haltigen Baryumsalzen wiederholt.

Herr *Debierne*[33,118] zeigte, daß das Aktinium in äußerst starkem Maße induzirte Aktivität in benachbarten Körpern hervorruft. Ebenso wie bei dem Thorium findet eine starke Mitnahme der Aktivität durch Luftströme statt.

Die inducirte Aktivität zeigt sehr veränderliches Aussehen und wenn man die Aktivirung einer Substanz in der Nähe von Radium in freier Luft bewirkt, so erhält man sehr unregelmäßige Resultate. Die Herren *Curie* und *Debierne*[119] bemerkten, daß die Erscheinung im Gegensatz hierzu sehr regelmäßig ist, wenn man mit einem geschlossenen Gefäß arbeitet. Sie haben deshalb die Aktivirung im geschlossenen Gefäß untersucht.

b) Aktivirung in geschlossenem Gefäß.

Die inducirte Radioaktivität ist sowohl stärker, wie auch regelmäßiger, wenn man in einem geschlossenen Gefäß arbeitet. Die aktive Substanz befindet sich in einem kleinen Glaßgefäß *a* (Fig. 12) mit einer Offnung bei *o* in der Mitte einer geschlossenen Umhüllung. Verschiedene Platten *A*, *B*, *C*, *D*, *E*, die sich in der Umhüllung befinden, werden nach einer eintägigen Exposition radioaktiv. Bei gleichen Dimensionen ist die Radioaktivität dieselbe, unabhängig von der Natur der Platten (Blei, Kupfer, Aluminium, Glas, Hartgummi, Wachs, Pappdeckel, Paraffin). Die Aktivität einer Fläche einer dieser Platten ist um so größer, je größer der freie Raum vor dieser Fläche ist.

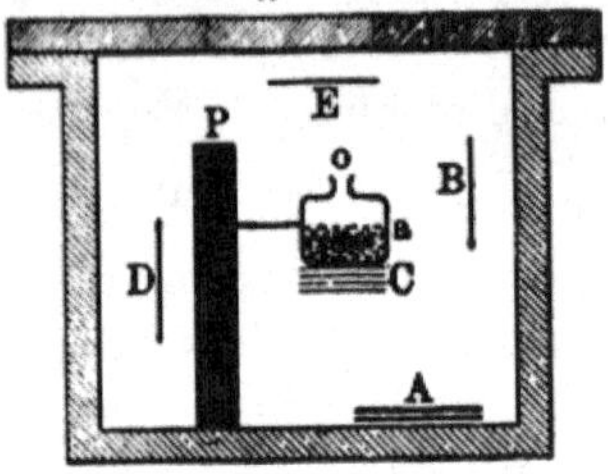

Fig. 12

Wiederholt man den vorigen Versuch mit völlig geschlossenem Gefäß *a*, so erhält man keine inducirte Aktivität.

Die Strahlung des Radiums kommt bei der Hervorrufung der inducirten Radioaktivität nicht direkt in Betracht, so wird z. B. bei dem vorigen Versuch die durch den dicken Bleischirm *PP* geschützte Platte *D* ebenso aktiv wie *B* und *E*.

Die Radioaktivität überträgt sich in der Luft von Punkt zu Punkt von der strahlenden Substanz bis zum zu aktivirenden Körper. Sie kann sich selbst durch sehr enge Kapillarröhren weithin fortpflanzen.

Die inducirte Aktivität ist gleichzeitig intensiver und regelmäßiger, wenn man das feste Radium-haltige Salz durch eine wässrige Lösung ersetzt.

Flüssigkeiten können inducirte Radioaktivität annehmen. Man kann z. B. reines Wasser radioaktiv machen, wenn man es in das Innere einer geschlossenen Hülle stellt, die außerdem eine Lösung Radium-haltigen Salzes enthält.

Manche Körper werden leuchtend, wenn man sie in ein Aktivirungsgefäß bringt (phosphorescirende und fluorescirende Körper (Glas, Papier, Baumwolle, Wasser, Salzlösungen). Phosphorescirendes Zinksulfid leuchtet unter diesen Bedingungen besonders stark. Die Radioaktivität dieser leuchtenden Körper ist jedoch dieselbe, wie die eines Metallstücks oder eines andren Körpers, der sich unter gleichen Bedingungen aktivirt, ohne leuchtend zu werden.

Welches auch immer die im geschlossenen Gefäß zu aktivirende Substanz ist, sie nimmt eine mit der Zeit wachsende Aktivität an, und erreicht schließlich einen **Grenzwert**, der immer derselbe ist, wenn man mit derselben aktivirenden Substanz und derselben Versuchsanordnung arbeitet.

Der Grenzwert der inducirten Radioaktivität ist unabhängig von der Natur des Gases, das sich in dem Aktivirungsgefäß befindet (Luft, Wasserstoff, Kohlensäure).

Der Grenzwert der inducirten Aktivität in einem bestimmten Gefäß hängt bloß von der darin in Lösung befindlichen Radiummenge ab, und scheint ihr proportional zu sein.

c) Rolle der Gase bei den Erscheinungen der inducirten Radioaktivität. Emanation.

Die Gase in einem Aktivirungsgefäß, das Radium in fester Form oder in Lösung enthält, sind radioaktiv. Diese Aktivität bleibt bestehen, wenn man das Gas durch eine Röhre absaugt und in einem Probiergläschen auffängt. Die Wände des letzteren werden dann selbst radioaktiv und leuchten im Dunklen. Aktivität und Lichtemission des Gläschens verschwinden nachher vollständig, aber sehr langsam, und man kann die Radioaktivität noch nach einem Monat konstatiren.

Vom Beginn unsrer Untersuchungen an haben wir, Herr *Curie* und ich[120], aus der Pechblende durch Erhitzung ein stark radioaktives Gas extrahirt, die Aktivität ist jedoch ebenso wie bei dem vorigen Versuch schließlich vollständig verschwunden. Im Spektrum dieses Gases haben wir keine neue Linie bemerkt.[22]

Die inducirte Radioaktivität breitet sich also beim Radium, Thorium und Aktinium von Punkt zu Punkt durch das Gas hindurch aus, vom aktiven Körper bis zu den Wänden des Aktivirungsgefäßes, und die aktivirende Eigenschaft wird mit dem Gase selbst fortgeführt, wenn man dieses aus den Gefäßen heraussaugt.

Wenn man die Radioaktivität Radium-haltiger Stoffe mit der elektrischen Methode mißt (mit dem in Fig. 1 dargestellten Apparat), so wird auch die Luft zwischen den Platten radioaktiv; gleichwohl bemerkt man beim Hindurchschicken eines Luftstromes zwischen den Platten keine merkliche Verminderung des Stromes, woraus hervorgeht, daß die im Raume zwischen den Platten ausgebreitete Radioaktivität wenig gegen die des festen Radiums selbst in Betracht kommt.

Ganz anders verhält es sich beim Thor. Die Unregelmäßigkeiten, die ich bei der Messung der Radioaktivität der Thorverbindungen bemerkte, kamen daher, daß ich damals mit einem offenen Luftkondensator arbeitete; der geringste Luftstrom bringt hier aber eine beträchtliche Änderung in der Stromintensität hervor, weil die in der Nachbarschaft des Thors verbreitete Aktivität wesentlich gegen die der Substanz selbst in Betracht kommt.

Noch ausgesprochener ist dieser Effekt beim Aktinium. Ein stark aktives Aktiniumpräparat erscheint viel weniger aktiv, wenn man einen Luftstrom über die Substanz schickt.

Die radioaktive Energie ist also im Gase in einer besonderen Form enthalten. Herr *Rutherford* nimmt an, daß gewisse radioaktive Körper fortwährend ein materielles radioaktives Gas entwickeln, das er mit dem Namen

"Emanation" bezeichnet. Dieses Gas hätte die Eigenschaft, die Körper in dem Raume, in dem es verbreitet ist, radioaktiv zu machen. Die eine Emanation aussendenden Körper sind: Radium, Thorium, Aktinium.

d) Entaktivirung fester aktivirter Körper in freier Luft.

Ein fester Körper, der in einem Aktivirungsgefäß durch Radium während genügend langer Zeit aktivirt worden ist, und dann aus dem Gefäß herausgenommen wird, entaktivirt sich an freier Luft nach einem Exponentialgesetz, das für alle Körper dasselbe und durch folgende Formel darstellbar ist[121]:

$$I = I_0 \left[a \cdot e^{\frac{-t}{\theta_1}} - (a-1) \cdot e^{\frac{-t}{\theta_2}} \right].$$

Hierbei ist I_0 die Anfangsintensität der Strahlung im Moment, wo man die Platte aus dem Gefäß herausnimmt, I die Intensität zur Zeit t; a ist ein Zahlenkoeffizient $a = 4,20$; θ_1 und θ_2 sind Zeitkonstanten und zwar: $\theta_1 =$ 2420 Sekunden, $\theta_2 =$ 1860 Sekunden. Nach Verlauf von zwei bis drei Stunden verwandelt sich dieses Gesetz merklich in ein einfaches Exponentialgesetz, da der Einfluß des zweiten Exponentialgliedes dann unmerklich geworden ist. Das Entaktivirungsgesetz ist demnach derart, daß die Strahlungsintensität in 28 Minuten auf die Hälfte ihres Wertes sinkt. Dieses Gesetz kann als charakteristisch für die Entaktivirung fester Körper gelten, die durch Radium aktivirt sind.

Durch Aktinium aktivirte feste Körper entaktiviren sich nach einem ähnlichen Gesetz wie das vorige, doch ist die Entaktivirung etwas langsamer[122].

Durch Thorium aktivirte feste Körper entaktiviren sich viel langsamer; die Strahlungsintensität sinkt in 11 Stunden auf die Hälfte[117].

e) Entaktivirung in geschlossenem Gefäß. Zerstörungsgeschwindigkeit der Emanation.

Ein vom Radium aktivirtes und dann der Einwirkung entzogenes geschlossenes Gefäß entaktivirt sich nach einem viel langsamer verlaufenden Gesetz, als der Entaktivirung in freier Luft entspricht.[123] Man kann z. B. den Versuch so machen, daß man eine Glasröhre im Innern aktivirt, indem man sie während einer gewissen Zeit mit einer Lösung eines Radiumsalzes kommuniciren läßt. Man schmilzt dann die Röhre an der Lampe zu und mißt die Intensität der die Wände durchdringenden Strahlung während der Dauer der Entaktivirung.

Die Entaktivirung erfolgt nach einem Exponentialgesetz, das sehr genau durch die Formel

$$I = I_0 \cdot e^{-t/\theta}$$

dargestellt wird. Hierbei bedeutet:

I_0 die Anfangsintensität der Strahlung;

I die Intensität der Strahlung zur Zeit I;

θ eine Zeitkonstante, und zwar $\theta = 4,97 \cdot 10^3$ Sek.

Die Intensität der Strahlung sinkt in vier Tagen auf die Hälfte.

Dieses Entaktivirungsgesetz ist völlig unveränderlich und gänzlich unabhängig von den Versuchsbedingungen (Größe des Gefäßes, Natur seiner Wände, Gasfüllung, Aktivirungsdauer usw.). Das Entaktivirungsgesetz bleibt dasselbe in einem Temperaturbereich von −180° bis +450°. Dieses Entaktivirungsgesetz ist also ganz charakteristisch und kann zur Definition einer völlig unabhängigen **Zeiteinheit** dienen.

Bei diesen Versuchen ist es die in dem Gase angehäufte radioaktive Energie, die die Aktivität der Wände unterhält. In der Tat konstatirt man, wenn man das Gas durch Auspumpen des Gefäßes entfernt, daß sich die Wände von diesem Augenblick an nach dem schnelleren Gesetz entaktiviren, so daß die Intensität der Strahlung in 28 Minuten auf die Hälfte sinkt. Dasselbe Resultat erhält man, wenn man die aktivirte Luft im Gefäß durch gewöhnliche Luft ersetzt.

Das Entaktivirungsgesetz mit dem Abfall auf die Hälfte in vier Tagen ist also charakteristisch für das Verschwinden der im Gase angehäuften radioaktiven Energie. Wenn man sich der *Rutherford*schen Ausdrucksweise bedient, kann man sagen, daß die Emanation des Radiums mit der Zeit von selbst verschwindet und nach vier Tagen nur noch die Hälfte beträgt.

Die Thoriumemanation ist andrer Natur und verschwindet viel rascher. Das Aktivirungsvermögen sinkt in ungefähr 70 Sekunden auf die Hälfte.

Die Emanation des Aktiniums verschwindet noch schneller; ihr Betrag sinkt in wenigen Sekunden auf die Hälfte.

f) Natur der Emanationen.

Nach Herrn *Rutherford* ist die Emanation ein materielles radioaktives Gas, das aus den radioaktiven Körpern entweicht. In der Tat verhält sich die Radiumemanation in vielen Beziehungen wie ein gewöhnliches Gas.

Wenn man zwei Glasbehälter miteinander verbindet, von denen der eine Emanation enthält, der andre dagegen nicht, so teilt sich die Emanation zwischen beiden Behältern wie ein gewöhnliches Gas: Wenn beide Behälter auf gleicher Temperatur sind, so teilt sich die Emanation zwischen ihnen im Verhältniß der Volumina; wenn sie auf verschiedenen Temperaturen sind, so teilt sie sich wie ein Gas, das dem *Mariotte-Gay-Lussac*schen Gesetze gehorcht. Bei diesen Versuchen wurde die Menge der in einem Gefäß enthaltenen Emanation durch die Strahlung seiner Wände bestimmt, unter Berücksichtigung der zeitlichen Abnahme der Strahlungsintensität der Emanation[124].

Die Emanation diffundirt längs enger Röhren nach den Gesetzen für die Diffusion gewöhnlicher Gase; der Diffusionskoeffizient ist nahe gleich dem der Kohlensäure[124].

Bei der Temperatur der flüssigen Luft kondensirt sich die Radiumemanation[125]. Wenn man von zwei Emanation enthaltenden kommunicirenden Gefäßen das eine in flüssige Luft taucht, so kondensirt sich die ganze in beiden vorhandene Emanation in dem kalten Gefäß.

Die Emanation des Radiums unterscheidet sich von einem gewöhnlichen Gase dadurch, daß sie sich von selbst zerstört, wenn man sie in einem geschlossenen Rohre aufbewahrt; wenigstens beobachtet man unter diesen Umständen das Verschwinden der radioaktiven Eigenschaften. Diese Eigenschaft der Radioaktivität ist übrigens bis jetzt die einzige, durch die die Emanation sich für uns bemerkbar macht, denn man hat bisher mit Sicherheit weder ein charakteristisches Spektrum der Emanation noch einen Gasdruck derselben nachweisen können.

Ganz neuerdings haben jedoch die Herren *Ramsay* und *Soddy*[107] in dem Spektrum der vom Radium entwickelten Gase neue Linien gefunden, die ihrer Ansicht nach der Emanation angehören könnten. Sie haben ferner konstatirt, daß die vom Radium gewonnenen Gase Helium enthalten, und daß dieses Gas in der Emanation des Radiums von selbst sich bildet. Wenn diese äußerst wichtigen Resultate sich bestätigen sollten, so würde man die Emanation als ein instabiles Gas zu betrachten haben, und das Helium wäre vielleicht eines der Produkte der freiwilligen Zersetzung des Gases.

Die Emanationen des Radiums und des Thoriums scheinen von einer Reihe sehr energischer chemischer Agentien nicht beeinflußt zu werden; die Herren *Rutherford* und *Soddy*[126,127] teilen sie deshalb der Argongruppe zu.

g) Änderung der Aktivität aktivirter Flüssigkeiten und Radium-haltiger Lösungen.

Eine beliebige Flüssigkeit wird radioaktiv, wenn man ein mit ihr gefülltes Gefäß in einen Aktivirungsraum hineinstellt. Wenn man die Flüssigkeit wieder herausnimmt und an freier Luft stehen läßt, so entaktivirt sie sich schnell und überträgt dabei ihre Radioaktivität an die umgebenden Gase und festen Körper. Schließt man eine aktivirte Flüssigkeit in ein geschlossenes Gefäß ein, so entaktivirt sie sich viel langsamer und die Aktivität sinkt dann in vier Tagen auf die Hälfte, genau wie es für ein Gas in geschlossenem Gefäß der Fall sein würde. Man kann diese Tatsache erklären, indem man annimmt, daß die radioaktive Energie in der Flüssigkeit in derselben Form angehäuft ist wie im Gase (als Emanation).

Eine Lösung Radium—haltigen Salzes verhält sich zum Teil ähnlich. Vor allem ist es bemerkenswert, daß eine Lösung von Radiumsalz, die sich seit einiger Zeit in einem geschlossenen Raume befindet, nicht stärker aktiv ist als reines Wasser, das sich in einem Gefäß innerhalb desselben Raumes befindet, sobald sich das Strahlungsgleichgewicht hergestellt hat. Wenn man die Radiumlösung aus dem Raume entfernt und an freier Luft in weit offenem Gefäß stehen läßt, so verbreitet sich die Aktivität im Raume aus, und die Lösung wird beinahe inaktiv, obgleich sie noch immer das Radium enthält. Wenn man dann diese entaktivirte Lösung in eine geschlossene Flasche bringt, so gewinnt sie allmählich, in etwa zwei Wochen, wieder einen Grenzwert der Aktivität, der beträchtlich sein kann. Dagegen gewinnt eine aktivirt gewesene und an der Luft entaktivirte Flüssigkeit, die kein Radium enthält, ihre Aktivität in einem geschlossenen Gefäß nicht wieder.

h) Theorie der Radioaktivität.

Die Herren *Curie* und *Debierne*[128] stellten folgende sehr allgemeine Theorie auf, die es gestattet, die Versuchsresultate über die inducirte Radioaktivität in Zusammenhang zu bringen; die Resultate selbst, die soeben besprochen sind, stellen reine Tatsachen dar, die von jeder Hypothese unabhängig sind.

Man kann annehmen, daß jedes Radiumatom als eine konstante und kontinuirliche Energiequelle wirkt, ohne daß man sich hierbei vorläufig Rechenschaft zu geben braucht, woher die Energie stammt. Die radioaktive Energie, die sich im Radium anhäuft, hat das Bestreben, sich auf zwei verschiedene Weisen zu zerstreuen:

1. Durch Strahlung (elektrisch geladene und ungeladene Strahlen).
2. Durch Leitung, d. h. durch direkte Übertragung von Punkt zu Punkt an die umgebenden Körper, wobei Gase und Flüssigkeiten als Zwischenträger dienen können (Entwicklung von Emanation und Umwandlung in inducirte Radioaktivität).

Der Verlust an radioaktiver Energie sowohl durch Strahlung wie durch Leitung wächst mit der in dem radioaktiven Körper angesammelten Energiemenge. Es muß sich notwendig ein Gleichgewicht herstellen, wenn dieser soeben genannte zweifache Verlust den vom Radium herrührenden kontinuirlichen Zufluß kompensirt. Diese Anschauungsweise entspricht der bei den Wärmeerscheinungen üblichen. Wenn im Innern eines Körpers aus irgend einem Grunde eine kontinuirliche und konstante Wärmeentwicklung stattfindet, so häuft sich die Wärme in dem Körper an und die Temperatur steigt, bis der Wärmeverlust durch Strahlung und Leitung mit dem fortwährenden Zufluß im Gleichgewicht ist.

Im allgemeinen findet, abgesehen von einigen besonderen Fällen, keine Übertragung der Radioaktivität durch feste Körper hindurch statt. Wenn man eine Lösung in geschlossenem Gefäß aufbewahrt, so bleibt bloß der Verlust durch Strahlung übrig und die Radioaktivität nimmt einen erhöhten Wert an.

Wenn dagegen die Lösung sich in einem offenen Gefäß befindet, so wird der Verlust an Aktivität durch Leitung von Punkt zu Punkt beträchtlich, und wenn der Gleichgewichtszustand erreicht ist, so ist die Strahlungsenergie der Lösung nur noch sehr schwach.

Die Strahlungsenergie eines festen Radium-haltigen Salzes vermindert sich an der Luft nicht merklich, weil eine Fortpflanzung der Radioaktivität in festen Körpern nicht stattfindet, und deshalb nur eine sehr dünne Oberflächenschicht an der Erzeugung der inducirten Radioaktivität teilnimmt. In der Tat konstatirt man, daß eine Lösung desselben radioaktiven Präparates viel intensivere inducirte Radioaktivität hervorbringt. Bei einem festen Salze sammelt sich die Energie der Radioaktivität in dem Salze an und zerstreut sich hauptsächlich durch Strahlung. Wenn dagegen das Salz seit einigen Tagen in Wasser aufgelöst ist, so hat sich die radioaktive Energie zwischen dem Wasser und dem Salze geteilt; wenn man sie dann durch Destillation trennt, so nimmt das Wasser einen großen Teil der Aktivität mit, und das feste Salz ist viel (10- bis 15 mal) weniger aktiv als vor der Auflösung. Nachher gewinnt das feste Salz allmählich seine ursprüngliche Aktivität wieder.

Man kann versuchen, die vorstehende Theorie noch weiter zu präzisiren, indem man sich vorstellt, daß die Radioaktivität des Radiums selbst auf dem Umwege über die in Form der Emanation emittirte Energie entsteht.

Man kann annehmen, daß jedes Radiumatom eine kontinuirliche und konstante Quelle von Emanation ist. Gleichzeitig mit ihrer Erzeugung erfährt diese Energieform eine fortschreitende Umwandlung in die radioaktive Energie der *Becquerel*strahlung; die Geschwindigkeit dieser Umformung ist proportional der angehäuften Menge von Emanation.

Wenn eine Radium-haltige Lösung in ein Gefäß eingeschlossen ist, so kann die Emanation sich innerhalb des Gefäßes und auf den Wänden ausbreiten. An dieser Stelle wird sie also in Strahlung verwandelt, während die Lösung nur wenig *Becquerel*strahlen emittirt, – die Strahlung ist in gewissem Sinne **exteriorisirt**. Beim festen Salz dagegen häuft sich die Emanation, da sie nicht entweichen kann, an und wird auf derselben Stelle, wo sie entstanden ist, in *Becquerel*strahlen verwandelt; diese Strahlung erreicht dadurch einen höheren Betrag[129].

Wenn diese Theorie der Radioaktivität allgemein sein sollte, so müßte man annehmen, daß alle radioaktiven Körper Emanation aussenden. Dies ist für Radium, Thorium und Aktinium konstatirt worden; der letztgenannte Körper besitzt diese Fähigkeit in enormem Maße selbst in festem Zustande. Uran und Polonium scheinen keine Emanation zu entwickeln, obgleich sie *Becquerel*strahlen emittiren. Diese Körper erzeugen auch keine inducirte Radioaktivität in geschlossenen Gefäßen, wie die vorgenannten. Diese Tatsache ist mit der obigen Theorie nicht in absolutem Widerspruch. Wenn nämlich das Uran und das Polonium Emanationen emittirten, die sich sehr schnell zerstörten, so würde es sehr schwer sein, die Fortführung dieser Emanationen durch Luft und die Erzeugung inducirter Radioaktivität auf benachbarten Körpern zu beobachten. Eine derartige Hypothese hat durchaus nichts unwahrscheinliches an sich, da die Zeiten, während denen die Emanationen des Radiums und Thoriums auf die Hälfte sinken, sich zu einander wie 5000 zu 1 verhalten. Es wird übrigens noch gezeigt werden, daß unter gewissen Umständen das Uran inducirte Radioaktivität erzeugen kann.

i) Andre Form der inducirten Radioaktivität.

Nach dem Entaktivirungsgesetz aktivirter fester Körper in freier Luft ist die Strahlungsenergie nach Verlauf eines Tages beinahe unmerklich.

Gewisse Körper machen jedoch eine Ausnahme hiervon; dazu gehören Celluloid, Paraffin, Kautschuk usw. Wenn diese Körper längere Zeit aktivirt worden sind, so entaktiviren sie sich viel langsamer als das Gesetz verlangt, und es bedarf manchmal einer Zeit von 15 bis 20 Tagen, bis die Aktivität unmerklich wird. Es scheint, als ob diese Körper die Fähigkeit hätten, sich mit radioaktiver Energie in Gestalt von Emanation zu imprägniren; sie verlieren sie dann allmählich, indem sie inducirte Radioaktivität in ihrer Umgebung erzeugen.

k) Langsam entstehende inducirte Radioaktivität.

Man beobachtet noch eine ganz andre Form inducirter Radioaktivität, die auf allen Körpern zu entstehen scheint, wenn sie Monate lang in einem Aktivirungsgefäß gelegen haben. Wenn diese Körper aus dem Gefäß herausgenommen werden, so sinkt die Aktivität zuerst nach dem gewöhnlichen Gesetz (auf die Hälfte in einer halben Stunde); wenn aber die Aktivität auf etwa $^{1}/_{20\,000}$ des Anfangswertes gesunken ist, so vermindert sie sich nicht mehr, oder wenigstens nur noch äußerst langsam, manchmal tritt sogar eine Vermehrung ein. Wir besitzen Platten aus Kupfer, Glas, Aluminium, die eine derartige Restaktivität seit über sechs Monaten bewahren.

Diese Erscheinungen der inducirten Aktivität scheinen ganz andrer Natur als die gewöhnlichen zu sein und zeigen eine viel langsamere Entwicklung.

Sowohl für die Entwicklung wie für das Verschwinden dieser Form der inducirten Radioaktivität ist eine beträchtliche Zeit nötig.

l) Inducirte Radioaktivität auf mit Radium zusammen gelösten Substanzen.

Wenn man ein radioaktives Mineral, das Radium enthält, behufs Extraktion dieses Körpers behandelt, so erhält man, solange das Verfahren noch nicht weit vorgeschritten ist, chemische Trennungen, bei denen die Radioaktivität sich vollständig in einem der Reaktionsprodukte befindet, während das andre Produkt vollständig inaktiv ist. Man trennt so auf der einen Seite die strahlenden Produkte, die mehrere 100mal aktiver sein können als das Uran, auf der andren Seite Kupfer, Arsenik, Antimon usw., die absolut inaktiv eind. Gewisse andre Körper dagegen (Eisen, Blei) ließen sich niemals in völlig inaktivem Zustande trennen. Wenn die Konzentration der strahlenden Körper zunimmt, wird das Verhalten ein andres; keine Trennung liefert dann völlig inaktive Produkte mehr; alle von einer Trennung herrührenden Portionen sind immer in verschiedenem Grade aktiv.

Nach der Entdeckung der inducirten Radioaktivität versuchte Herr *Giesel*[130] zuerst gewöhnliches inaktives Wismut zu aktiviren, indem er es mit sehr aktivem Radium zusammen in Lösung hielt. Er erhielt so radioaktiven Wismut und schloß daraus, daß das aus der Pechblende gewonnene Polonium wahrscheinlich Wismut sei, das durch die Nachbarschaft des in der Pechblende enthaltenen Radiums aktivirt sei.

Ich habe ebenfalls aktivirtes Wismut hergestellt, indem ich Wismut mit sehr aktivem Radiumsalz in Lösung hielt.

Die Schwierigkeiten dieses Versuches bestehen in der außerordentlichen Sorgfalt, die man anwenden muß, um das Radium aus der Lösung zu entfernen. Wenn man bedenkt, welche unmeßbar kleine Menge von Radium genügt, um in einem Gramm Materie eine sehr merkliche Radioaktivität hervorzubringen, so glaubt man, das aktivirte Produkt niemals genug gewaschen und gereinigt zu haben. Jede Reinigung aber zieht eine Verminderung der Aktivität des aktivirten Produktes nach sich, sei es, daß man wirklich Spuren von Radium entfernt, sei es, daß die unter diesen Bedingungen inducirte Radioaktivität den chemischen Umwandlungen nicht widersteht.

Die Resultate, die ich erhalte, scheinen jedoch mit Sicherheit zu ergeben, daß eine Aktivirung stattfindet und nach der Abtrennung des Radiums bestehen bleibt. So finde ich nach sorgfältiger Reinigung des aktivirten Wismutnitrates, daß bei einer fraktionirten Fällung der Nitratlösung mit Wasser es sich fraktionirt wie Polonium, indem seine aktiveren Bestandteile zuerst ausfallen.

Wenn die Reinigung ungenügend ist, so findet das Gegenteil statt, was darauf hinweist, daß sich in dem aktivirten Wismut noch Spuren von Radium befinden. Ich erhielt so aktivirtes Wismut, bei dem der Sinn der Fraktionirung eine große Reinheit anzeigte, und das 2000mal aktiver war als Uran. Dieses Wismut verminderte seine Aktivität mit der Zeit. Ein andrer Teil desselben Präparate dagegen, der mit denselben Vorsichtsmaßregeln hergestellt war und sich im gleichen Sinne fraktionirte, bewahrte seine Aktivität ohne merkliche Verminderung seit einer Zeit, die gegenwärtig ungefähr drei Jahre beträgt.

Diese Aktivität ist 150mal grösser als die Urans. Ich aktivirte in gleicher Weise Blei und Silber, indem ich sie mit Radium in Lösung hielt. Meistens sinkt die so erhaltene inducirte Radioaktivität kaum mit der Zeit, dagegen widersteht sie im allgemeinen nicht aufeinander folgenden chemischen Umwandlungen des aktivirten Körpers. Herr *Debierne*[131] hat Baryum aktivirt, indem er es mit Aktinium zusammen in Lösung hielt. Dieses Baryum bleibt nach verschiedenen chemischen Umwandlungen aktiv, seine Aktivität ist also eine ziemlich stabile des Atoms. Das aktivirte Baryumchlorid fraktionirt sich wie Radium-haltiges Baryumchlorid; die aktivsten Teile sind in Wasser und in verdünnter Salzsäure am wenigsten löslich. Das getrocknete Chlorid ist selbstleuchtend; seine *Becquerel*strahlung ist analog der des Radium-haltigen Baryums. Herr *Debierne* erhielt aktivirtes Baryumchlorid, das 1000mal aktiver war als Uran. Gleichwohl hatte dieses Baryum nicht alle Eigenschaften des Radiums angenommen, denn es zeigte im Spektroskop keine der stärksten Radiumlinien. Ausserdem verminderte sich seine Aktivität mit der Zeit und nach drei Wochen war es dreimal schwächer als im Anfang.

Über die Aktivirung der Körper in Lösung mit radioaktiven Substanzen müssen noch ausgedehnte Untersuchungen gemacht werden. Es scheint, als ob man je nach den Versuchsbedingungen mehr oder weniger stabile Formen von dem Atom anhaftender inducirter Radioaktivität erhalten könne. Die unter diesen Bedingungen erhaltene inducirte Radioaktivität ist sogar vielleicht dieselbe, wie die sich langsam entwickelnde Form, die man durch lange dauernde Aktivirung aus der Ferne im Aktivirungsgefäß erhält. Man muß sich auch fragen, bis zu welchem Grade die dem Atom anhaltende inducirte Radioaktivität die chemische Natur des Atomes afficirt, und ob sie die chemischen Eigenschaften desselben vorübergehend oder dauernd modificiren kann.

Die chemische Untersuchung der aus der Ferne aktivirten Körper ist dadurch erschwert, daß die Aktivirung auf eine sehr dünne Oberflächenschicht beschränkt ist, und daß deshalb die von der Umwandlung etwa betroffene Substanzmenge äußerst gering ist.

Inducirte Radioaktivität kann auch erhalten werden, wenn man gewisse Substanzen mit Uran zusammen gelöst erhält. Der Versuch gelingt mit Baryum. Wenn man, wie es *Debierne* machte, der Uran und Baryum enthaltenden Lösung Schwefelsäure zusetzt, so reißt das niedergeschlagene Baryumsulfat die Aktivität mit sich; gleichzeitig verliert das Uran seine Aktivität zum Teil. Herr *Becquerel* fand, daß man bei mehrmaliger Wiederholung dieses Verfahrens fast inaktives Uran erhält. Man könnte danach glauben, daß man durch dieses Verfallen einen vom Uran verschiedenen Körper abgetrennt hat, dessen Anwesenheit die Aktivität des Urans hervorbrachte. Dem ist Jedoch nicht so, denn nach einigen Monaten gewinnt das Uran seine anfängliche Aktivität wieder; das niedergeschlagene Baryumsulfat dagegen verliert die seinige.

Ein ähnliches Phänomen findet beim Thorium statt. Herr *Rutherford* schlägt eine Lösung von Thoriumsalz durch Ammoniak nieder; er trennt die Lösung ab und dampft zur Trockenheit ein. Er erhält so einen sehr aktiven Rückstand, während das niedergeschlagene Thorium sich weniger aktiv zeigt als vorher. Dieser aktive Rückstand, dem *Rutherford* den Namen **Thorium-X** giebt, verliert seine Aktivität mit der Zeit, während das Thor seine ursprüngliche Aktivität wiedergewinnt.[132]

Es scheint, daß bezüglich der inducirten Radioaktivität in Lösungen die verschiedenen Körper sich nicht alle gleich verhalten, und daß einige unter ihnen viel empfänglicher für die Aktivirung sind als andre.

m) Zerstreuung radioaktiven Staubes und inducirte Aktivität des Laboratoriums.

Bei den Untersuchungen stark radioaktiver Substanzen muß man besondere Vorsichtsmaßregeln anwenden, wenn man dauernd feine Messungen ausführen will. Die verschiedenen im chemischen Laboratorium gebrauchten Gegenstände, ebenso wie die zu den physikalischen Versuchen dienenden, werden bald alle radioaktiv und wirken auf die photographische Platte durch schwarzes Papier hindurch. Der Staub, die Zimmerluft, die Kleider sind radioaktiv. In dem Laboratorium, in dem wir arbeiten, ist das Übel dermaßen akut geworden, daß wir keinen Apparat mehr in gut isolirendem Zustande halten können.

Es ist also gut, wenn man besondere Vorsichtsmaßregeln anwendet, um so viel als möglich die Zerstreuung radioaktiven Staubes und das Auftreten inducirter Radioaktivität zu vermeiden.

Die chemischen Gerätschaften dürfen niemals in den physikalischen Arbeitsraum gebracht werden, und man muß soviel als möglich vermeiden, aktive Substanzen in diesem Raume liegen zu lassen. Vor Beginn dieser Untersuchungen hatten wir die Gewohnheit, bei elektrostatischen Versuchen die verschiedenen Apparate durch Drähte zu verbinden, die durch an Erde gelegte Metallröhren gegen jede äußere elektrische Störung geschirmt waren. Bei Untersuchungen über radioaktive Körper ist diese Anordnung durchaus fehlerhaft; die Luft wird leitend, die Isolation zwischen Draht und Schutzrohr wird schlecht, und die unvermeidliche elektromotorische Kontaktkraft zwischen Draht und Röhre sucht einen Strom durch die Luft hindurch hervorzubringen und das Elektrometer abzulenken. Wir verlegen jetzt die Drähte unter völligem Ausschluß der Luft, indem wir sie z. B. in die Mitte von mit Paraffin oder einem andren Isolirmittel gefüllten Röhren legen. Es wäre auch vorteilhaft, bei diesen Versuchen vollständig geschlossene Elektrometer zu verwenden.

n) Aktivirung ohne Mitwirkung radioaktiver Substanzen

Verschiedene Versuche wurden gemacht, um eine Aktivirung ohne Zuhilfenahme radioaktiver Substanzen hervorzurufen.

Herr *Villard*[133] unterwarf ein Stück Wismut als Antikathode einer Entladungsröhre der Einwirkung von Kathodenstrahlen; das Wismut wurde dadurch radioaktiv, jedoch in äußerst schwachem Grade, denn es bedurfte einer Exposition von acht Tagen, um eine photographische Wirkung zu erzielen.

Herr *Mc.Lennan*[134] exponirt verschiedene Salze der Wirkung von Kathodenstrahlen und erhitzt sie sodann leicht. Diese Salze erwerben dadurch die Fähigkeit, positiv geladene Körper zu entladen.

Untersuchungen dieser Art bieten ein großes Interesse. Wenn es möglich wäre, durch Anwendung bekannter physikalischer Agentien ursprünglich inaktiven Körpern eine merkliche Radioaktivität zu erteilen, so könnten wir hoffen, dadurch die Ursache der spontanen Radioaktivität gewisser Körper aufzufinden.

o) Änderung der Aktivität radioaktiver Körper; Wirkung der Auflösung.

Das Polonium vermindert, wie bereits gesagt, seine Aktivität mit der Zeit. Diese Abnahme ist langsam und scheint nicht für alle Proben gleich schnell vor sich zu gehen. Eine Probe von Wismut-Poloniumnitrat verlor die Hälfte ihrer Aktivität in 11 Monaten und 95 Proz. in 33 Monaten. Andre Proben verhielten sich ähnlich. Eine Probe von metallischem Wismut-Polonium wurde aus einem Subnitrat hergestellt, das nach seiner Herstellung 100 000 mal aktiver war als Uran. Dieses Metall ist jetzt nur noch ein mäßig aktiver Körper (2000 mal aktiver als Uran). Seine Aktivität wird von Zeit zu Zeit gemessen. Während sechs Monaten hat es 67 Proz. seiner Aktivität verloren.

Der Aktivitätsverlust scheint durch chemische Reaktionen nicht beschleunigt zu werden. Bei schnellen chemischen Operationen konstatirt man im allgemeinen keinen beträchtlichen Verlust an Aktivität.

Im Gegensatz zu dem Verhalten des Poloniums scheinen die Radium-haltigen Salze eine permanente Radioaktivität zu besitzen, die im Verlauf einiger Jahre keine nennenswerte Einbuße erleidet.

Wenn man ein festes Radiumsalz frisch hergestellt hat, so besitzt es anfangs noch keine konstante Radioaktivität. Seine Aktivität wächst vom Augenblick der Herstellung an und erreicht einen merklich unveränderlichen Grenzwert nach etwa einem Monat. Das Gegenteil findet für die Lösung statt. Wenn man sie frisch hergestellt hat, so ist sie zuerst sehr aktiv, aber an freier Luft stehen gelassen entaktivirt sie sich schnell und nimmt schließlich einen Grenzwert an, der bedeutend schwächer sein kann als der Anfangswert. Diese Änderungen der Aktivität wurden zuerst von *Giesel*[102] beobachtet. Sie lassen sich vom Standpunkt der Emanationstheorie leicht erklären. Die Aktivitätsverminderung der Lösung entspricht dem Verlust an Emanation, die sich im Raume zerstreut; diese Verminderung wird stark verlangsamt, wenn man die Lösung im geschlossenen Gefäß aufbewahrt. Eine an freier Luft entaktivirte Lösung nimmt eine viel größere Aktivität wieder an, wenn man sie in ein zugeschmolzenes Gefäß einschließt. Die Zeit, die das Wachstum der Aktivität eines nach vorheriger Auflösung in festen Zustand übergeführten Salzes gebraucht, ist nötig zur Aufspeicherung der im festen Salz neu entstehenden Emanation.

Ich teile einige Versuche hierüber mit:

Eine Lösung von Radium-Baryumchlorid stand zwei Tage lang an der Luft und wurde dabei 300 mal weniger aktiv. Eine Lösung befindet sich im geschlossenen Gefäß; man öffnet das Gefäß und gießt die Lösung in eine Schale; eine Messung der Radioaktivität ergiebt:

Aktivität sofort nach Ausgießen	67
Aktivität nach zwei Stunden	20
Aktivität nach zwei Tagen	0,25

Eine Lösung von Radium-Baryumchlorid, die an freier Luft gestanden hat, wird in ein Glasröhrchen eingeschlossen. Eine Messung der Strahlung der Röhre ergab:

Aktivität unmittelbar	27
Aktivität nach 2 Tagen	61
Aktivität nach 3 Tagen	70
Aktivität nach 4 Tagen	81
Aktivität nach 7 Tagen	100
Aktivität nach 11 Tagen	100

Die Anfangsaktivität eines festen Salzes nach seiner Herstellung ist um so schwächer, je länger es in Lösung befindlich war. Um so größer ist die an das Lösungsmittel übertragene Aktivität. Die folgenden Zahlen stellen die Anfangsaktivitäten eines Chlorides dar, dessen Endaktivität gleich 800 ist, und das während einer gegebenen Zeit in Lösung gehalten wurde; man trocknete dann das Salz und maß seine Aktivität unmittelbar darauf:

Endaktivität	800
Anfangsaktivität nach Auflösung und sofortiger Trocknung	440
Anfangsaktivität nach 5tägiger Lösung und sofortiger Trocknung	120
Anfangsaktivität nach 18tägiger Lösung und sofortiger Trocknung	130
Anfangsaktivität nach 32tägiger Lösung und sofortiger Trocknung	114

Bei diesem Versuch befand sich die Lösung in einem bloß mit einem Uhrglas bedeckten Gefäß.

Aus demselben Salz stellte ich zwei Lösungen her, die ich in fest verschlossenem Gefäß 13 Monate lang aufbewahrte; die eine dieser Lösungen war 8 mal konzentrirter als die andre.

Anfangsaktivität des Salzes unmittelbar nach der Trocknung:

aus der konzentrirten Lösung 200

aus der verdünnten Lösung 100

Die Entaktivirung des Salzes ist also um so größer, je größer die Menge des Lösungsmittels, da die an die Flüssigkeit übertragene radioaktive Energie ein größeres Flüssigkeitsvolumen zu sättigen und einen größeren Raum zu erfüllen hat. Die beiden Proben desselben Salzes, die eine so verschiedene Anfangsaktivität hatten, vermehrten übrigens ihre Aktivität mit sehr verschiedener Anfangsgeschwindigkeit; nach einem Tage hatten sie dieselbe Aktivität, und das weitere Anwachsen hatte für beide bis zum Grenzwert genau gleichen Verlauf.

Wenn die Lösung sehr verdünnt ist, so erfolgt die Entaktivirung sehr schnell, wie die folgenden Versuche zeigen: Drei gleiche Portionen desselben Salzes werden in gleichen Wassermengen aufgelöst. Die erste Lösung *a* wird eine Stunde lang an freier Luft gelassen, dann getrocknet. Die zweite Lösung *b* wird eine Stunde lang mit einem Luftstrome durchspült, dann getrocknet. Die dritte Lösung *c* wird 13 Tage lang an freier Luft gelassen, dann getrocknet. Die Anfangsaktivitäten der drei Salze sind:

Für den Teil *a* 145,2

Für den Teil *b* 141,6

Für den Teil *c* 102,6

Die Endaktivität des Salzes beträgt ungefähr 470. Man sieht also, daß der größte Teil des Effektes schon nach einer Stunde erreicht ist. Die relative Salzmenge in der Lösung betrug ungefähr 0,5 zu 100.

Die radioaktive Energie breitet sich in Emanationsform schwer vom festen Radium in die Luft aus; denselben Widerstand erfährt sie auch beim Übergang vom festen Radium in eine Flüssigkeit. Wenn man Radiumsulfat während eines ganzen Tages mit Wasser schüttelt, so ist seine Aktivität nach dieser Operation merklich dieselbe, wie die einer Portion desselben Sulfats, das sich an freier Luft befunden hat.

Erzeugt man ein Vakuum über Radium-haltigem Salz, so entfernt man dadurch alle disponible Emanation. Gleichwohl wurde die Aktivität eines Radium-haltigen Chlorides, das wir sechs Tage lang im Vakuum erhielten, hierdurch nicht merklich geschwächt. Dieser Versuch zeigt, daß die Radioaktivität des Salzes hauptsächlich von im Innern der Körner aufgespeicherter radioaktiver Energie besteht, die durch Erzeugung eines Vakuums nicht entfernt werden kann.

Der Aktivitätsverlust, den das Radium bei der Auflösung erfährt, ist relativ größer für die durchdringenden als für die absorbirbaren Strahlen, wie aus folgenden Beispielen hervorgeht:

Ein Radium-haltiges Chlorid, das seine Endaktivität 470 erreicht hat, wird aufgelöst und bleibt eine Stunde lang in Lösung; dann wird es getrocknet und die Anfangsaktivität mit der elektrischen Methode gemessen. Man findet, daß die totale Anfangsstrahlung 0,3 der totalen Endstrahlung beträgt. Macht man die Intensitätsmessung nach Bedeckung der Substanz mit einem Aluminiumschirm von 0,01 mm Dicke, so findet man, daß die den Schirm durchdringende Anfangsstrahlung 0,17 der denselben Schirm durchdringenden Endstrahlung beträgt.

Wenn das Salz 13 Tage lang in Lösung war, so findet man für die totale Anfangsstrahlung 0,22 der totalen Endstrahlung, und für die eine 0,01 mm dicke Aluminiumschicht durchdringende Anfangsstrahlung 0,13 der Endstrahlung.

In beiden Fällen ist das Verhältniß der Anfangsintensität nach der Auflösung zur Endintensität für die Gesamtstrahlung 1,7 mal größer als für die 0,01 mm Aluminium durchdringende Strahlung.

Hierzu ist jedoch zu vermerken, daß man es nicht vermeiden kann, daß während der Zeitdauer der Trocknung das Präparat sich in einem schlecht definirtem Zustande sich befindet, in dem es weder fest noch völlig flüssig ist. Ebenso wenig läßt sich eine Erhitzung des Präparates behufs schnellerer Entfernung des Wassers vermeiden.

Aus diesen beiden Gründen ist es kaum möglich, dem wahren Anfangszustand des aus dem gelösten in den festen Zustand übergehenden Präparates zu bestimmen. Bei den eben beschriebenen Versuchen waren gleiche Mengen strahlender Substanz in gleichen Wassermengen aufgelöst; die Lösungen wurden dann unter möglichst gleichen Bedingungen zur Trockne eingedampft und ohne die Erhitzung über 120° bis 130° zu treiben.

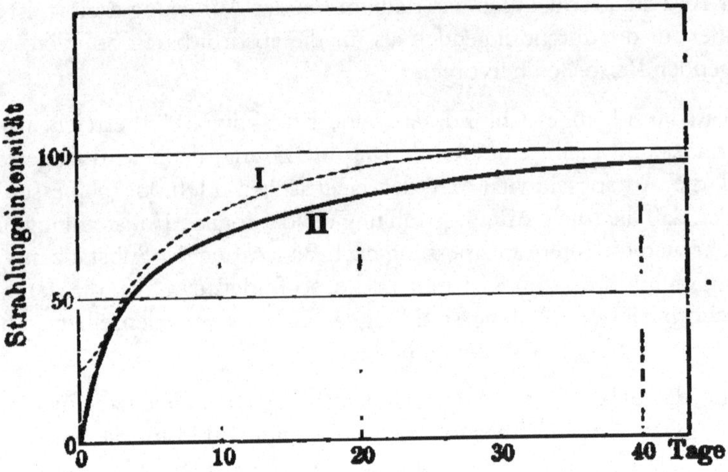

Fig. 13

Ich untersuchte das Gesetz, nach dem die Aktivität eines festen Radium-haltigen Salzes zunimmt, vom Augenblick der völligen Trocknung an bis zu der Zeit, wo es seinen Grenzwert erreicht hat. Die folgenden Tabellen enthalten die Intensität *I* der Strahlung als Funktion der Zeit; dabei wird die Endstrahlung gleich 100 gesetzt und die Zeit vom Augenblick der völligen Trocknung an gerechnet. Die Tabelle I (Fig. 13, Kurve I) bezieht sich auf die Gesamtstrahlung. Die Tabelle II (Fig. 13, Kurve II) bezieht sich nur auf die durchdringenden Strahlen (die 3 cm Luft und 0,01 mm Aluminium durchsetzt haben).

Tabelle I

Zeit	***I***
0 Tage	21
1 Tag	25
3 Tage	44
5 Tage	60
10 Tage	78
19 Tage	93
33 Tage	100

Zeit	***I***
67 Tage	100

Tabelle II

Zeit	***I***
0 Tage	1,3
1 Tag	19
3 Tage	43
6 Tage	60
15 Tage	70
23 Tage	88
46 Tage	94

Ich machte mehrere andre Messungsreihen derselben Art, die jedoch nicht in völliger Übereinstimmung sind, wenn auch der allgemeine Verlauf der Erscheinung derselbe ist. Es ist schwierig, sehr regelmäßige Resultate zu erhalten. Man kann jedoch sagen, daß die Neubildung der Aktivität etwa einen Monat gebraucht und daß die durchdringenden Strahlen von der Auflösung am meisten betroffen werden.

Die Anfangsintensität der Strahlung, die 3 :cm Luft und 0,01 mm Aluminium durchdringt, beträgt nur 1 Proz. der Endstrahlung, während die Anfangsintensität der Gesamtstrahlung 21 Proz. des Endwertes beträgt.

Ein frisch getrocknetes Radium-haltiges Salz besitzt dieselbe Fähigkeit, inducirte Radioaktivität hervorzurufen (läßt also dieselbe Emanationsmenge nach außen entweichen), wie eine Probe desselben Salzes, das nach Herstellung im festen Zustande lange genug gelegen hat, um die Endaktivität zu erreichen. Die Strahlungsaktivität beider Präparate kann dabei sehr verschieden sein; das erste ist z. B. fünfmal weniger aktiv als das zweite.

p) Änderung der Aktivität der radioaktiven Körper; Wirkung der Erhitzung.

Wenn man eine Radium-haltige Verbindung erhitzt, so entwickelt sich Emanation und der Körper verliert an Aktivität. Der Verlust ist um so größer, je stärker und gleichzeitig länger dauernd die Erhitzung war. Wenn man z. B. ein Radium-haltiges Salz eine Stunde lang auf 130° erhitzt, so entzieht man ihm dadurch 10 Proz. seiner Gesamtstrahlung; dagegen bringt eine 10 Minuten lange Erhitzung auf 400° keinen merklichen Effekt hervor. Eine Erhitzung auf Rotglut während einiger Stunden zerstört 77 Froz. der Totalstrahlung.

Der Aktivitätsverlust durch Erhitzung ist größer für die durchdringenden als für die absorbirbaren Strahlen. So zerstört eine Erhitzung von einigen Stunden Dauer etwa 77 Proz. der Gesamtstrahlung; dieselbe Erhitzung zerstört aber fast vollständig (zu 99 Proz.) die Strahlung, die 3 cm Luft und 0,1 mm Aluminium zu durchdringen vermag. Wenn man das Radium-Baryumchlorid einige Stunden lang geschmolzen erhält (bei 800°), so zerstört man 98 Proz. der durch 0,3 mm Aluminium hindurchgehenden Strahlung. Man kann sagen, daß die durchdringenden Strahlen nach einer starken und lang dauernden Erhitzung praktisch nicht mehr existiren.

Dieser Aktivitätsverlust eines Radium-haltigen Salzes durch Erhitzen ist nicht von Dauer; die Aktivität des Salzes erneuert sich von selbst bei gewöhnlicher Temperatur und strebt einem Grenzwert zu. Ich beobachtete die merkwürdige Tatsache, daß diese Grenze höher ist als die Endaktivität vor der Erhitzung, wenigstens verhält es sich so mit dem Chlorid. Ich teile einige Beispiele mit: Ein Präparat von Radium-Baryumchlorid, das nach seiner Herstellung in festem Zustande längst seine Endaktivität erreicht hatte, besitzt eine Totalstrahlung, die durch die Zahl 470 ausgedrückt ist, und eine Strahlung, die 0,01 mm dickes Aluminium durchdringt, gleich 157. Dieses Präparat wird einige Stunden lang auf Rotglut erhitzt. Zwei Monate nach der Erhitzung erreicht es eine Endaktivität, die für die Gesamtstrahlung 690 und für die durch 0,01 mm Aluminium hindurchgehende 227 beträgt. Die Totalstrahlung und die durch 0,01 mm Aluminium hindurchgehende haben sich also im Verhältniß 690:470 bezw. 227:156 vermehrt. Beide Brüche sind merklich einander gleich und zwar gleich 1,45.

Ein Präparat von Radium-Baryumchlorid, das nach Herstellung in festem Zustande eine Endaktivität gleich 62 erreicht hat, wird einige Stunden lang im geschmolzenen Zustande erhalten; dann wird das geschmolzene Präparat pulverisirt. Dieses Präparat erreicht eine Endaktivität gleich 140, d. h. über zweimal mehr, als es ohne die starke Erhitzung erreicht haben würde.

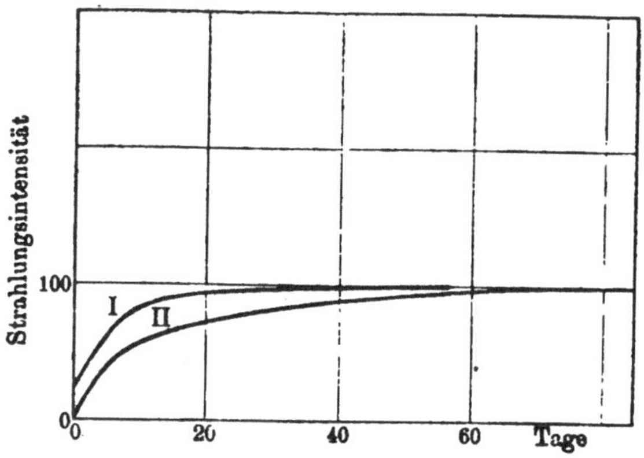

Fig. 14

Ich untersuchte das Gesetz, nach dem die Aktivitätszunahme der Radium Verbindungen nach der Erhitzung vor sich geht. Ich gebe als Beispiel die Resultate zweier Messungsreihen. Die Zahlen der Tabellen I und II bedeuten die Intensität *I* der Strahlung als Funktion der Zeit; die Endintensität der Strahlung ist gleich 100 gesetzt, und die Zeit vom Aufhören der Erhitzung an gerechnet. Tabelle I (Fig. 14, Kurve I) bezieht sich auf die Gesamtstrahlung eines Radium-Baryumchlorids. Tabelle II (Fig. 14, Kurve II) bezieht sich auf die durchdringende Strahlung eines Radium-Baryumsulfates, bei dem man die Intensität der durch 3 cm Luft und 0,01 mm Aluminium hindurchgegangenen Strahlung maß. Beide Präparate waren 7 Stunden lang auf Kirschrotglut erhitzt.

Tabelle I

Zeit	***I***
0 Tage	16,2
0,6 "	25,4
1 Tag	27,4
2 Tage	38
3 Tage	46,3
4 Tage	54
6 Tage	67,5
10 Tage	84

Zeit	***I***
24 Tage	95
57 Tage	100

Tabelle II

Zeit	***I***
0 Tage	0,8
0,7 "	13
1 Tag	18
1,9 "	26,4
6 Tage	46,2
10 Tage	55,5
14 Tage	64
18 Tage	71,8
27 Tage	81
36 Tage	91
50 Tage	95,5
57 Tage	99
84 Tage	100

Ich habe noch verschiedene andre Bestimmungen gemacht, aber ebenso wie für die Wiederentstehung der Aktivität nach der Auflösung stimmen die Resultate der verschiedenen Reihen nicht gut überein.

Die Wirkung der Erhitzung bleibt nicht bestehen, wenn man das erhitzt gewesene Salz auflöst. Von zwei Proben derselben Radium-haltigen Substanz von der Aktivität 1800 wurde die eine stark erhitzt und ihre Aktivität dadurch auf 670 reducirt. In diesem Moment wurden beide Proben aufgelöst und 20 Stunden in Lösung gelassen; ihre nachherige Anfangsaktivität in festem Zustande betrug für das nicht erhitzte 460 und für das erhitzte 420; es bestand somit kein großer Unterschied in der Aktivität beider Präparate.

Wenn dagegen die beiden Präparate nicht genügend lange in Lösung bleiben, wenn man sie z. B. unmittelbar nach der Auflösung wieder trocknet, so ist das nicht erhitzte Präparat viel aktiver als das erhitzte; eine gewisse Zeit ist also nötig, damit die Auflösung die Wirkung der Erhitzung zum Verschwinden bringt. Ein Präparat von der Aktivität 3200 wurde erhitzt und hatte nach der Erhitzung nur noch die Aktivität 1030. Dieses Präparat wurde gleichzeitig mit einer nicht erhitzten Probe derselben Substanz aufgelöst und sofort wieder getrocknet. Die Anfangsaktivität betrug 1450 für das nicht erhitzte und 760 für das erhitzte.

Bei den festen Radium-haltigen Salzen wird die Fähigkeit, die inducirte Radioaktivität zu erregen, durch die Erhitzung stark beeinflußt. Während der Erhitzung entwickeln die Radium-haltigen Verbindungen mehr Emanation als bei gewöhnlicher Temperatur; wenn man sie dann aber wieder auf Zimmertemperatur abkühlt, so ist nicht nur ihre Aktivität viel geringer als vorher, sondern auch ihr Aktivirungsvermögen hat sich beträchtlich verringert. Während der auf die Erhitzung folgenden Zeit nimmt die Radioaktivität des Körpers zu und kann sogar den ursprünglichen Wert überschreiten. Auch das Aktivirungsvermögen stellt sich zum Teil wieder her; nach längerer Erhitzung auf Rotglut jedoch ist das Aktivirungsvermögen fast völlig beseitigt und vermag sich nicht wieder von selbst im Laufe der Zeit herzustellen. Man kann aber einem Radium-haltigen Salz sein ursprüngliches Aktivirungsvermögen wieder geben, wenn man es in Wasser auflöst und im Heizbad bei einer Temperatur von 120° trocknet. Es scheint also, als ob die Calcinirung die Wirkung habe, das Salz in einen besonderen physikalischen Zustand zu versetzen, in dem es die Emanation viel schwerer abgiebt als dasselbe nicht auf hohe Temperatur erhitzte feste Präparat; daraus folgt ganz natürlich, daß das Salz eine höhere Endaktivität erreicht, als es vor der Erhitzung besaß[23]. Um das Salz in den früheren Zustand zurückzuversetzen, genügt es, es aufzulösen und wieder zu trocknen, ohne dabei über 150° zu erhitzen.

Ich teile einige Beispiele mit:

Ich bezeichne mit *a* den Endwert der inducirten Aktivität, die in einem geschlossenen Gefäß auf einer Kupferplatte erzeugt wird, und zwar von einem Baryum-Radiumkarbonat von der Aktivität 1600. Für das nicht erhitzte Präparat werde $a = 100$ gesetzt. Man findet:

1 Tag nach der Erhitzung $a = 3{,}3$

4 Tag nach der Erhitzung $a = 7{,}1$

10 Tage nach der Erhitzung $a = 15$

20 Tage nach der Erhitzung $a = 15$

27 Tage nach der Erhitzung $a = 15$

Die Radioaktivität des Präparates hatte sich durch die Erhitzung um 90 Proz. vermindert, hatte aber nach einem Monat ihren alten Wert schon wieder gewonnen.

Der folgende gleichartige Versuch wurde mit einem Radium-Baryumchlorid von der Aktivität 3000 gemacht. Das Aktivirungsvermögen wurde ebenso wie bei dem vorhergehenden Versuch bestimmt.

Aktivirungsvermögen des nicht erhitzten Präparates a = 100.

Aktivirungsvermögen des Präparates nach einer dreistündigen Erhitzung auf Rotglut:

2 Tag nach der Erhitzung $a = 2{,}3$

5 Tag nach der Erhitzung $a = 7{,}0$

11 Tage nach der Erhitzung $a = 8{,}2$

18 Tage nach der Erhitzung $a = 8{,}2$

Aktivirungsvermögen des nicht erhitzten Präparates nach Auflösung und Wiedertrocknung bei 150° $a = 92$.

Aktivirungsvermögen des erhitzten Präparates nach Auflösung und Wiedertrocknung bei 150° $a = 105$.

q) Theoretische Deutung der Aktivitätsänderungen der Radiumsalze nach Auflösung oder Erhitzung.

Die soeben beschriebenen Tatsachen können zum Teil wenigstens erklärt werden, wenn man sich der Theorie bedient, nach der das Radium Energie in Form von Emanation producirt, die sich dann ihrerseits in Strahlungsenergie verwandelt. Wenn man ein Radiumsalz auflöst, so verbreitet sich die von ihm erzeugte Emanation außerhalb der Lösung aus und erzeugt Radioaktivität außerhalb der Quelle, von der sie stammt; wenn man die Lösung verdampft, so ist das erhaltene feste Salz wenig aktiv, denn es enthält nur wenig Emanation. Allmählich häuft sich die Emanation in dem Salze an, dessen Aktivität bis zu einem Grenzwert wächst, der dann erreicht ist, wenn die Erzeugung von Emanation durch das Radium den Verlust durch Abgabe nach außen und durch Umwandlung in Becquerelstrahlen kompensirt.

Wenn man ein Radiumsalz erhitzt, so wird seine Abgabe von Emanation nach außen sehr verstärkt und die Erscheinungen der inducirten Radioaktivität sind intensiver, als wenn das Salz sich auf Zimmertemperatur befindet. Wenn aber das Salz auf die gewöhnliche Temperatur zurückgebracht wird, so ist es erschöpft wie in dem Fall der Auflösung, es enthält nur wenig Emanation mehr und seine Aktivität ist gering. Allmählich sammelt sich die Emanation von neuem im festen Salze an, und die Strahlung nimmt zu.

Man kann annehmen, daß die Emanationserzeugung des Radiums zeitlich konstant ist, und daß ein Teil nach außen entweicht, während der übrige Teil im Radium selbst in Becquerelstrahlung transformirt wird. Wenn das Radium zur Rotglut erhitzt war, so verliert es einen großen Teil seines Aktivirungsvermögens; anders ausgedrückt: es wird die Abgabe von Emanation nach außen hin vermindert. Infolgedessen muß der im Radium selbst ausgenutzte Bruchteil der Emanation stärker sein, und das Präparat eine höhere Aktivität erreichen.

Man kann versuchen, das theoretische Gesetz der Aktivitätszunahme eines gelöst oder erhitzt gewesenen Salzes aufzustellen. Wir nehmen an, daß die Intensität der Strahlung des Radiums in jedem Augenblick der im Radium vorhandenen Emanationsmenge q proportional ist. Man weiß, daß die Emanation sich von selbst zerstört nach einem derartigen Gesetze, das man in jedem Augenblick hat:

1. $q = q_0 \cdot e^{-t/\delta}$,

wo q_0 die zur Zeit $t = 0$ vorhandene Emanationsmenge, und die Zeitkonstante $\delta = 4,97 \cdot 10^5$ Sek.

Sei andrerseits Δ die von dem Radium in jedem Augenblick gelieferte Emanationsmenge, eine Größe, die ich als konstant annehmen will. Wir wollen untersuchen, was passiren würde, wenn keine Emanation nach außen entwiche. Die erzeugte Emanation würde dann völlig verbraucht, um im Radium Strahlung zu erzeugen. Man hat aber nach Gleichung 1):

$$dq / dt = -q_0 / \delta \cdot e^{-t/\delta},$$

somit würde im Gleichgewichtszustande das Radium eine gewisse Menge von Emanation Q enthalten, die gegeben wäre durch:

$$2. \quad \Delta = Q / \delta \text{ oder } Q = \Delta \cdot \delta;$$

und die Strahlung des Radiums wäre dann proportional mit Q.

Nehmen wir an, man brächte das Radium in Bedingungen, unter denen es Emanation nach außen verliert; das erreicht man, indem man es auflöst oder erhitzt. Das Gleichgewicht wird gestört sein und die Aktivität wird sich vermindern. Sobald man aber die Ursache für den Emanationsverlust beseitigt (den Körper in den festen Zustand zurückführt oder die Erhitzung unterbricht), so häuft sich die Emanation von neuem im Radium an und wir haben eine Periode, während der die Erzeugungsgeschwindigkeit Δ größer ist als die Zerstörungsgeschwindigkeit q / Δ. Man hat dann:

$$dq / dt = \Delta - q / \delta = (Q - q) / \delta,$$

oder

$$d / dt(Q - q) = -(Q - q) / \delta$$

und

$$3. \quad Q - q = (Q - q_0) \cdot e^{-t/\delta},$$

wobei q_0 die zur Zeit t im Radium vorhandene Emanation.

Nach Formel 3) wächst der Überschuß (Q—q) an Emanation, den das Radium im Gleichgewichtszustande über den zu einem gegebenen Zeitpunkt vorhandenen Betrag enthält, nach einem Exponentialgesetz, das identisch ist mit dem für das spontane Verschwinden der Emanation geltenden. Da aber die Strahlung des Radiums proportional der Emanationsmenge ist, so muß der Überschuß der Endintensität über die momentane Intensität der Strahlung nach demselben Gesetz abnehmen; der Überschuß muß also in etwa vier Tagen auf die Hälfte sinken.

Die vorliegende Theorie ist unvollständig, da der Emanationsverlust durch Abgabe nach außen vernachlässigt ist. Es ist jedoch schwer zu sagen, wie man die Abhängigkeit dieses Vorgangs von der Zeit anzusetzen hat. Vergleicht man die Resultate der Versuche mit denen der unvollständigen

Theorie, so findet man keine befriedigende Übereinstimmung; man gewinnt jedoch die Überzeugung, daß die fragliche Theorie wenigstens einen Teil der Wahrheit enthält. Das Gesetz, nach dem der Überschuß der Endaktivität über die gerade vorhandene in 4 Tagen auf die Hälfte abnehmen soll, stellt die Reaktivirung nach vorausgegangener Erhitzung für etwa 10 Tage mit ziemlicher Annäherung dar. Im Falle der Reaktivirung nach vorheriger Auflösung scheint dasselbe Gesetz annähernd zu passen für einen gewissen Zeitraum, der 2 bis 3 Tage nach der Trocknung des Präparates beginnt und 10 bis 15 Tage dauert. Die Erscheinungen sind übrigens komplicirt; das beschriebene Gesetz sagt nichts darüber, warum die durchdringenden Strahlen in stärkerem Verhaltniß geschwächt werden als die absorbirbaren.

Fünftes Kapitel. Natur und Ursache der Erscheinungen der Radioaktivität

Von Beginn der Untersuchungen über die radioaktiven Körper an, als die Eigenschaften dieser Körper noch kaum bekannt waren, stellte die Selbsttätigkeit ihrer Strahlung ein Problem von größtem Interesse für die Physiker dar. Heutzutage haben wir in der Kenntniß der radioaktiven Körper große Fortschritte gemacht und können einen radioaktiven Körper von großer Intensität, das Radium, isoliren. Die Ausnutzung der merkwürdigen Eigenschaften des Radiums erlaubte eine tiefgehende Untersuchung der von den radioaktiven Körpern ausgehenden Strahlung; die verschiedenen bisher untersuchten Strahlengruppen bieten Analogien mit den in Entladungsröhren vorkommenden Strahlen, Kathoden-, Röntgen- und Kanalstrahlen. Dieselben Strahlengruppen findet man auch in den von Röntgenstrahlen erzeugten Sekundärstrahlen wieder[89,90], sowie in der Strahlung der inducirt aktiven Körper.

Wenn aber auch die Natur der Strahlung gegenwärtig besser bekannt ist, so bleibt doch die Ursache der selbsttätigen Strahlung geheimnißvoll, und die Erscheinung ist für uns noch immer ein Rätsel und ein Gegenstand tiefsten Erstaunens.

Die selbsttätig radioaktiven Körper und vor allem das Radium stellen Energiequellen dar. Ihre Energieproduktion wird uns bemerkbar durch die Becquerelstrahlung, durch die chemischen und optischen Effekte und die fortwährende Wärmeentwicklung.

Man hat sich oft gefragt, ob die Energie in den radioaktiven Körpern selbst erzeugt wird, oder ob diese Körper sie von äußeren Quellen entlehnen. Keine von den zahlreichen Hypothesen, die aus diesen beiden Gesichtspunkten entsprungen sind, hat bis jetzt eine experimentelle Bestätigung erfahren.

Man kann annehmen, daß die radioaktive Energie früher einmal angehäuft worden ist und sich allmählich erschöpft wie eine Phosphorescenz von langer Dauer. Man kann sich vorstellen, daß die Entwicklung radioaktiver Energie mit einer Umwandlung des strahlenden Atoms selbst, das sich in einem Entwicklungszustande befindet, verbunden ist; die Tatsache, daß das Radium kontinuirlich Wärme entwickelt, spricht zu Gunsten dieser Anschauung. Man kann annehmen, daß die Umwandlung von einem Gewichtsverlust begleitet ist und von einer Emission materieller Teilchen, aus denen die Strahlung besteht. Die Energiequelle kann ferner in der Gravitationsenergie gesucht werden. Endlich kann man sich vorstellen, daß der Raum fortwährend von einer noch unbekannten Strahlung durchsetzt werde, die bei ihrem Durchgang durch radioaktive Körper aufgehalten und in die radioaktive Energie umgewandelt wird.

Man kann für und wider jede dieser Anschauungsweisen viele Gründe vorbringen, und meistens haben die Versuche, die Konsequenzen dieser Hypothesen experimentell zu verificiren, negative Resultate gegeben. Die radioaktive Energie des Radiums und des Urans scheint sich bis jetzt nicht zu erschöpfen und überhaupt keine merkliche Veränderung mit der Zeit zu erfahren. *Demarçay* hat eine Probe reinen Radiumchlorids in einem Intervall von fünf Monaten spektroskopisch untersucht; er beobachtete am Ende der fünf Monate keine Veränderung des Spektrums. Die Hauptlinie des Baryums, die im Spektrum sichtbar war und die spurenweise Anwesenheit von Baryum anzeigte, hatte sich in dem betrachteten Zeitraum nicht verstärkt; das Radium hatte sich also nicht in merklicher Weise in Baryum verwandelt.

Die von Herrn *Heydweiller*[135] angekündigten Gewichtsänderungen der Radiumverbindungen können noch nicht als gesicherte Tatsache betrachtet werden.

Die Herren *Elster* und *Geitel*[136] fanden, daß die Radioaktivität des Urans sich auf dem Grunde eines 850 m tiefen Schachtes nicht ändert; eine Erdschicht von dieser Dicke brächte also keine Änderung in der hypothetischen Primärstrahlung, die die Radioaktivität des Urans verursachen sollte, hervor.

Wir haben die Radioaktivität des Urans zur Mittags- und zur Mitternachtszeit untersucht, von dem Gedanken ausgehend, daß die hypothetische Primärstrahlung ihre Quelle in der Sonne habe und beim Durchgang durch die Erde teilweise absorbirt werde. Der Versuch ergab keinen Unterschied beider Messungen.

Die neuesten Untersuchungen sprechen zu Gunsten der Hypothese einer Umwandlung des Radiumatoms; diese Hypothese ist bereits im Beginn der Untersuchungen über die Radioaktivität ausgesprochen worden[13]; sie wurde von Herrn Rutherford frei übernommen, der annahm, daß die Emanation des Radiums ein materielles Gas sei, das eines der Spaltungsprodukte des Radiums darstelle[125].

Die neuen Versuche der Herren Ramsay und Soddy laufen auf den Beweis hinaus, daß die Emanation ein instabiles Gas ist, das sich von selbst unter Bildung von Helium zerstört. Andrerseits ließe sich die fortwährende Wärmeentwicklung des Radiums nicht durch eine gewöhnliche chemische Reaktion erklären, während sie sehr wohl ihren Ursprung in einer Umwandlung des Atoms haben könnte.

Bedenken wir endlich noch, daß die neuen radioaktiven Substanzen sich immer in den Uranmineralien vorfinden, und daß wir vergeblich in dem käuflichen Baryum nach Radium gesucht haben (s. S. 38), daß also das Vorkommen des Radiums an das des Urans gebunden zu sein scheint. Die Uranmineralien enthalten ferner Argon und Helium und dieses Zusammentreffen ist wohl kaum einem Zufall zuzuschreiben. Das gleichzeitige Vorkommen dieser verschiedenen Körper in denselben Mineralien führt zu der Annahme, daß die Gegenwart der einen für die Bildung der andren notwendig ist.

Literarische Ergänzungen

(bis Oktober 1903).[24]

A. Originalarbeiten.

Adam, E. P. "Water Radioactivity." *Phil. Mag.* (6) 6, 568 (1903). -- IV

Akroyd, W. "A new case of phosphoreseence induced by radiumbromide." *Nature* 68, 269 (1903).

Allan, S. J. "Radioactivity of freshly fallen snow." *Phys. Rev.* 16, 237(1903). -- IV

Armstrong, H. E. "The assumed Radioactivity of ordinary materials." *Nature* 67, 414 (1903). -- Id u. IIb

v. Aubel, E. "Action des corps radioactifs sur la conductibilité électrique da sélènium." *Compt. rend.* 136, 929 (1903). -- IVm

Barker, G. F. "Radioactivity of thorium minerals." *Sill. Journ.* 16, 161(1903) -- I u. IV

Baur, E. "Die Bedeutung der Becquerelstrahlen für die Chemie." *Naturw. Rdsch.* 16, 338 u. 355 (1901). -- IIb

Becker, A. "Über die Leitfähigkeit fester Isolatoren unter dem Einfluß von Radiumstrahlen." *Ann. d. Phys.* (4) 12, 124 (1903). -- IIIn

Becquerel, H. "Strahlung des Poloniums und Radiums." *Compt. rend.* 136, 431 (1903). Ref.: *Naturw. Rdsch.* 18, 225 (1903). -- IIIc u. d

— "Sur le rayonnement du polonium et sur le rayonnement secondaire qu'il produit." *Compt. rend.* 136, 977 (1903). -- III

— "Conductibilité et ionisation résiduelle de la paraffine solide sous l'influence du rayonnement du radium." *Compt. rend.* 136, 1173 (1903). -- IIIn

— "Sur une propriété des rayons α du radium." *Compt. rend.* 136, 1517 (1908). -- IIIi

— "Sur la phosphorescence oscillante que présentent certaines substances sous l'action du radium." *Compt. rend.* 137, 629 (1903). -- IIIm

Bleckrode, L. "Über einige Versuche mit flüssiger Luft; Radioaktivität des Poloniums." *Ann. d. Phys.* (4) 12, 218 (1903). -- IIIw

Bumstead, H. A. und *Wheeler*, L. P. "Note on a radioactive gas in surface water." *Sill. Journ.* (4) 16, 328 (1903). -- IV

Cooke, H. L. "Penetrating radiation from the earth's surface." *Science (N. S.)* 17, 183 (1903). *Phil. Mag.* (6) 6, 403 (1903). -- IV, Id

Cook Gates, F. "Effect of heat on exited Radioactivity." *Phys. Rev.* 16, 300 (1903). -- IVp des Coudres, Th. "Zur elektrostatischen Ablenkbarkeit der Rutherfordstrahlen." *Phys. Zeitschr.* 4, 483 (1903). -- IIIi

Crookes, W. "Certain properties of the emanation of Radium". *Chem. News* 87, 241 (1903). -- IV

— "The mystery of radium." *Chem. news* 87, 158 (1903). -- V

— "The emanations of radium." *Nature* 67, 522 (1903). *Electrician* 50, 986 (1903). *Proc. Roy. Soc.* 71, 405 (1903). -- IV

— "Modern views of matter; the realization of a dream." *Congreß f. angew. Chem.*, Berlin 1903. *Science (N. S.)* 17, 993 (1903).

— und Dewar, J. "Note on the effect of extreme cold on the emanations of radium." *Nature* 68, 213 (1903). *Proc. roy. soc.*, London 1903. -- IVf

Curie, P. "Production de la phosphorescence d'un grand nombre de corps par l'émanation du radium." *Soc. franc. de phys.*, No. 200, 3 (1903). -- IV

Curie, S. "Über den radioaktiven Stoff Polonium." *Phys. Zeitschr.* 4, 234 (1903). -- IIb

— "Über das Atomgewicht des Radiums." *Phys. Zeitschr.* 4, 456 (1903). -- IIg

Curie, P. u. S. "Sur les corps radioactifs." *Compt. rend.* 134, 85 (1902). -- V

Darwin, G. H. "Radioactivity and the age of the sun." *Nature* 68, 496 (1903). -- V

Debierne, A. "Sur la production de la radioactivité induite par l'actinium." *Compt. rend.* 136, 446, 671 (1903). -- IV u. IIb

Dorn, E. "Versuch über die zeitliche Gewichtsänderung von Radium." *Phys. Zeitschr.* 4, 530 (1903). -- V

Durack, J. J. E. "Specifische Ionisation durch Radiumelektronen." *Phil. Mag.* (6) 5, 550 (1903). -- Ib

Ebert, H. "Über die Möglichkeit, radioaktive Emanationen in flüssiger Luft anzureichern." *Münchener Sitz.-Ber.* 33, 133 (1903). -- IVf

— u. Ewers, P. "Über die dem Erdboden entstammende radioaktive Emanation." *Phys. Zeitschr.* 4, 162 (1902). -- IV

Elster, J. u. Geitel, H. "Über eine fernere Analogie in dem elektrischen Verhalten der natürlichen und der durch Becquerelstrahlen leitend gemachten Luft." *Phys. Zeitschr.* 2, 590 (1901). -- IV

— "Über die durch atmosphärische Luft inducirte Radioaktivität." *Phys. Zeitschr.* 3, 76 (1901). -- IIb

— "Über die radioaktive Emanation in der atmosphärischen Luft." *Phys. Zeitschr.* 4, 522 (1903). -- IV

Everett, J.D. "Analogue to the action of radium." *Nature* 67, 535 (1903).

Exner, S. "Einige Beobachtungen über die vom Radium in tierischen Geweben erzeugte Phosphorescenz." *Chem. Centralbl.* 2, 276 (1903). *Centralbl. f. Physiol.* 17, 178 (1903). -- IIIp

Forch, C. "Bewirken radioaktive Substanzen eine Absorption von Gravitationsenergie?" *Phys. Zeitschr.* 4, 318 (1903). -- V

Geigel, R. "Über die Absorption von Gravitationsenergie durch radioaktive Substanzen." *Ann. d. Phys.* (4) 10, 429 (1903). -- V

Giesel, F. "Über radioaktive Stoffe." *Chem. Ber.* 34, 3772 (1901). -- IIb

— "Über radioaktives Blei." *Chem. Ber.* 35, 102 (1902). -- IIb

— "Über radioaktive Stoffe." *Chem. Ber.* 35, 3608 (1602). -- IIb

— "Über den Emanationskörper aus Pechblende und über Radium." *Chem. Ber.* 36, 342 (1903). -- IIb u. IV

Glew, F. H. "Radium fluorescence." *Nature* 68, 200 (1903). -- IIIp

Graetz, L. "Über eigentümliche Strahlungserscheinungen." *Ann. d. Phys.* (4) 9, 1100 (1903). -- IVn

Grusinzew. "Experimentaluntersuchung über die Einwirkung der Radiumstrahlen auf das Entladungspotential." *Journ. d. russ. phys.-chem. Ges.* 34, 337 (1902). -- IIIo

Hardy, W. B. "Radioactivity and the cosmical time scale." *Nature* 68, 548 (1903). -- V

— and Miss Willcock, E, G. "Über die oxydirende Wirkung der Strahlung des Radiumbromids, erwiesen durch die Zerlegung von Jodoform." *Proc. Roy. Soc.* 72, 200 (1903). Ref.: *Naturw. Rdsch.* 18, 539 (1903). -- IIIr

de Hemptinne, A. "Einfluß radioaktiver Substanzen auf das Leuchten der Gase." *Compt. rend.* 133, 934 (1901). -- IIIo

Himstedt, F. "Über die Ionisirung der Luft durch Wasser." *Ann. d. Phys.* (4) 12, 107 (1903). -- IVn

Hofmann, K., Korn, A. u. Strauß, E. "Über die Einwirkung von Kathodenstrahlen auf radioaktive Substanzen." *Chem. Ber.* 34, 407 (1901). -- IIb u. IVn

Hofmann, K. u. Strauß, E. "Über das radioaktive Blei." *Chem. Ber.* 34, 8, 907, 3033, 3970 (1901). -- IIb

Hofmann, K. u. Wölfl, V. "Radioactive lead as a primarily active substance." *Chem. News* 87, 241 (1903). -- IIb

Hofmann, K. u. Zerban, F. "Über das radioaktive Thor." *Chem. Ber.* 35, 531 (1902). -- IIb

Indrickson, F. N. "Experiments with radiumbromide." Ref.: *Journ. chem. soc.* 84, abstr. II, 346 (1903).

Kaufmann, W. "Bemerkungen zu der Arbeit des Herrn Geigel: „Über die Absorption von Gravitationsenergie usw." *Ann. d. Phys.* (4) 10, 894 (1903). -- V

Korn, A. u. Strauß, E. "Über die Strahlung des radioaktiven Bleis." *Ann. d. Phys.* (4) 11, 397 (1903). -- IIb

Kučera, G. "Eine Bemerkung zur Arbeit des Herrn Geigel: „Über die Absorption usw." *Phys. Zeitschr.* 4, 319 (1903). -- V

Lagrange, Ch. "The source of radiumenergy." *Nature* 68, 269 (1903). -- V

Lebedinsky. "Wirkung der Strahlen von Radiumbromid auf die Funkenentladung." *Journ. Elektritschestwo*, 318 u. 352 (1902). -- IIIo

Mc Lennan, J. C. "Induced Radioactivity excited in air at the foot of waterfalls." *Phil Mag.* (6) 5, 419 (1903). *Phys. Zeitschr.* 4, 295 (1903) -- IV

Mc Lennan, J. C. u. Burton, E. F. "Radioactivity of ordinary materials." *Phil. Mag.* (6) 5, 699 (1903). -- Id, IIb, IV

— "Über die Radioactivität der Metalle im allgemeinen." *Phys. Zeitschr.* 4, 553 (1903). *Phil. Mag.* (6) 6, 343 (1903). -- Id, IIb, IV

Lodge, O. "Radium-Emission." *Nature* 67, 511 (1903).

Marckwald, W. "Über das radioaktive Wismut (Polonium)." *Verhdl. d. 74. Ges. d. Naturf. u. Ärzte*, Karlsbad 1902. -- IIb

— "Über den radioaktiven Bestandteil des Wismuts aus der Joachimsthaler Pechblende." *Phys. Zeitschr.* 4, 51 (1902). *Chem. Ber.* 35, 4239 (1902). -- IIb

— "Über radioaktive Stoffe." *Ber. d. deutsch. pharm. Ges.* 13, 11 (1903). *Chem. Centralbl.* 1, 612 (1903). -- IIb

Martin, G. "Cosmical radioactivity." *Chem. News* 88, 197 (1903). -- V

Merritt, E. "Recent developments in the study of radioactive Substances." *Science (N. S.)* 18, 41 (1903).

Patterson, J. "On the Ionisation in air at different temperatures and pressures." *Phil. Mag.* (6) 6, 231 (1903). -- Id u. IIb

Pegram, G. B. "Radioactifs minérals." *Science (N. S.)* 13, 274 (1901). -- IIb

— "Radiumemanation." Electrician 51, 210 u. 254 (1903). -- IV

Ramsay, W. "A new development of the radium mystery." *Chem. News* 88, 40 (1903). IVf u. V

— u. Soddy, P. "Gases occluded by radiumbromide." *Nature* 68, 246 (1903). -- IVf u. V

Re, Ph. "Hypothese sur la nature des corps radioactifs." *Compt. rend.* 136, 1393 (1903). -- V

Richardson, O. W. "On the positive ionisation produced by hot platinum in air at low pressures." *Phil. Mag.* (6) 6, 80 (1903). -- IV

Runge, C. u. Precht, J. "Über das Funkenspektrum des Radiums." *Ann. d. Phys.* (4) 12, 407 (1903). -- IIc u. IIg

— "Die Stellung des Radiums im periodischen System nach seinem Spektrum." *Phys. Zeitschr.* 4, 285 (1903). -- IIc u. IIg

— "Über das Bunsenflammenspektrum des Radiums." *Ann. d. Phys.* (4) 10, 655 (1903). -- IIc

Rutherford, E. "Einfluß der Temperatur auf die Emanationen radioaktiver Substanzen." *Phys. Zeitschr.* 2, 429 (1901). -- IV f

— "Emanationen von radioaktiven Substanzen." *Nature* 64, 157 (1901). -- IVo

— "Durchdringende Strahlen der radioaktiven Stoffe." *Nature* 66, 318 (1902). -- IIIc

— "Versuche über erregte Radioaktivität." *Phys. Zeitschr.* 3, 254 (1902). -- IVd

— "Excited radioactivity and the method of its transmission." *Phil. Mag.* (6) 5, 95 (1903). -- IV

— "Some remarks on radioactivity." *Phil. Mag.* (6) 5, 481 (1903).

— "Radioactivity of ordinary materials." *Nature* 67, 511 (1903). -- Id u. IIb

— "Radioactive Processes." *Chem. News* 87, 297 (1903). -- IV u. V

Rutherford, E. "Übertragung erregter Radioaktivität." *Phys. Zeitschr.* 3, 210 (1902). -- IVc

— u. Miss Brooks. "The new gas from radium." *Proc. and Transact. roy. soc. Canada* (2) 7, 21 (1901). -- IVc u. V

— u. Cooke. "A penetrating radiation from the earths surface." *Phys. Rev.* 16, 183 (1903). -- Id u. IIb

— u. Allan, S. J. "Erregte Aktivität und Ionisirung der Atmosphäre." *Phys. Zeitschr.* 3, 225 (1902). *Phil. Mag.* (6) 4, 704 (1902). Ref.: *Naturw. Rdsch.* 18, 147 (1903). -- IV

— u. Mc Grier. "Magnetische Ablenkbarkeit der Strahlen radioaktiver Substanzen." *Phys. Zeitschr.* 3, 385 (1902). -- IIId

— u. Soddy, F. "Die Radioaktivität von Thorverbindungen. I. Untersuchung über radioactive Emanation." *Journ. chem. soc.* 81, 821 (1902). -- IV

— "II. Die Ursache und Natur der Radioaktivität." *Journ. chem. soc.* 81, 837 (1902). -- IV u. V.

— "Mitteilungen über die Kondensationspunkte der Thorium- und Radiumemanationen." *Proc. chem. soc.* 18, 219 (1902). *Chem. Centralbl.* 1, 68 (1903). -- IVf

— "The Radioactivity of Uranium." *Phil. Mag.* (6) 5, 441 (1903). -- Ic, IV u. V

— "A comparative study of the Radioactivity of Uranium and Thorium." *Phil. Mag.* (6) 5, 445 (1903).

— "On condensation of the radioactive emanations." *Phil. Mag.* (6) 5, 561 (1903). -- IVf

— "On radioactif Change." *Phil. Mag.* (6) 5, 576 (1903). -- V

Sagnac, G. "Les propriétés nouvelles du radium." *Journ. d. phys.* (4) 2, 545 (1903).

Schuster, A. "Cosmical Radioactivity." *Chem. News* 88, 166 (1903). -- V

v. Schweidler, E. "Über die angebliche Radioactivität und Luminescenz von Reten. Phys." *Zeitschr.* 4, 521 (1903). -- Id u. IIb

Sella, A. "Untersuchungen über die inducirte Radioaktivität." Rend. Lincei* (5) 11 (1. Sem.), 57 u. 242 (1902), *Nuov. Cim.* (5) 3, 138 (1902); ibid. (5) 4, 131 (1902). -- IV

Sella, A. u. Pochettino, A. "Über die elektrische Leitfähigkeit der aus einem Wasserstrahlgebläse herausströmenden Luft." Rend. Linc. (1902) I. Sem., 527. -- IV

Soddy, F. "Die Radioaktivität des Urans." *Proc. chem. soc.* 18, 121 (1902). *Journ. chem. soc.* 81, 860 (1902). -- Io

— "Einige neuere Fortschritte bezüglich der Radioaktivität." *Contemp. Rev.* 708 (1903). *Chem. Centralbl.* 2, 91 (1903).

— Stark, J. "Bemerkung zur Ablenkung der positiven Strahlen im magnetischen Felde." *Phys. Zeitschr.* 4, 583 (1903). -- III

Strutt, R. J. "Die Leitfähigkeit von Gasen unter dem Einfluß von Becquerelstrahlen." *Proc. Roy. Soc.* 68, 126 (1901). -- IIb

— "Energy emitted by radioactive bodies." *Nature* 68, 6 (1903). -- IIIb u. IIIq

— "Radioactivity of ordinary materials." *Phil. Mag.* (6) 5, 680 (1903). *Nature* 67, 369 u. 439 (1903). -- Id u. IIb

— "The preparation and properties of an intensely radioactive Gas from metallic mercury." *Phil. Mag.* (6) 6, 113 (1903). -- IV

— and Joly, J. "Radium and the sun's heat." *Nature* 68, 572 (1903).

Tafel, J. "Über die Wirkungen von Kanalstrahlen auf Zinkoxyd." *Ann. d. Phys.* (4) 11, 613 (1903). -- IIIp u. IIIr

Thomson, J. J. "Über die Zunahme der elektrischen Leitfähigkeit der Luft, die bei deren Durchgang durch Wasser erzeugt wird." *Cambr. Proc.* 11, 505 (1902); ibid. 12, Mai (1903). *Phil. Mag.* (6) 4, 352 (1902). *Nature* 67, 609 (1903). -- Id, IVn, V

— "Radium." *Nature* 67, 601 (1908).

— "Radioactivity of ordinary materials." *Nature* 67, 391 (1903). -- Id u. IIb

Townsend, J. S. "Specific ionisation by corpuscles of radium." *Phil. Mag.* (6) 5, 698 (1903). -- Ib

Wilde, H. "On the resolution of elementary substances in their ultimates and on the spontaneous molecular activity of radium." Ref.: *Chem. News* 88, 190 (1903). -- V

Wilson, C. T. B. "Further experiments of radioactivity from rain." Cambr. Proc 12, 17 (1903). -- IV

— "On radioactivity from snow." *Cambr. Proc.* 12, 85 (1903). -- IV

Wilson, W. E. "Radioactivity and solar energy." *Nature* 68, 222 (1903). -- V

B. Zusammenfassende Darstellungen.

Becquerel, H. "Die Radioaktivität der Materie." *Rev. génér. des sciences* 13, 603 (1902). *Nature* 63, 396 (1901).

— "Recherches sur une propriété de la matière (activité radiante spontané ou radioactivité de la matière)." 355 S. bei Firmin-Didot et Cie., Paris 1903.

Curie, P. "Radium." *Roy. Instit.* 1903. *Electrician* 51, 403 (1903).

Elster, J. "Über die Fortschritte auf dem Gebiet der Becquerelstrahlen." Eders Jahrbuch der Photographie, 193 (1901).

Einzelnachweise und Fußnoten

[1] H. Poincaré, "Les rayons cathodiques et les rayons Röntgen." In: *Revue générale des sciences pures et appliquées* **1896**, *7*, 52-59.

[2] C. Henry, "Augmentation du rendement photographique des rayons Röntgen par le sulfur de zinc phosphorescent." In: *Comptes rendus* **1896**, *122*, 312 – http://gallica.bnf.fr/ark:/12148/bpt6k30780.image.f312.

[3] G.-H. Niewenglowski, "Sur la propriétés qu'ont les radiations émises par les corps phosphorescents, de traverser certains corps opaques à la lumière solaire, et sur les expériences de M. G. Le Bon." In: *Comptes rendus* **1896**, *122*, 385-386 – http://gallica.bnf.fr/ark:/12148/bpt6k30780.image.f387.

[4] Troost, "Sur l'emploi de la blende hexagonale artificelle pour remplacer les ampoules de Crookes." In: *Comptes rendus* **1896**, *122*, 564 – http://gallica.bnf.fr/ark:/12148/bpt6k30780.image.f566.

[5] H. Becquerel, "Sur les radiations émises par phosphorescence." In: *Comptes rendus* **1896**, *122*, 420-421 – http://gallica.bnf.fr/ark:/12148/bpt6k30780.image.f422.

[6] H. Becquerel, "Sur les radiations invisibles émises par les corps phosphorescents." In: *Comptes rendus* **1896**, *122*, 501-503 – http://gallica.bnf.fr/ark:/12148/bpt6k30780.image.f503.

[7] H. Becquerel, "Sur quelques propriétés nouvelles des radiations invisibles émises par divers corps phosphorescents." In: *Comptes rendus* **1896**, *122*, 559-564 – http://gallica.bnf.fr/ark:/12148/bpt6k30780.image.f561.

[8] H. Becquerel, "Sur les radiations invisibles émises par les sels d'uranium." In: *Comptes rendus* **1896**, *122*, 689-694 – http://gallica.bnf.fr/ark:/12148/bpt6k30780.image.f691.

[9] H. Becquerel, "Sur les propriétés différents des radiations invisibles émises par les sels d'uranium, et du rayonnement de la paroi anticathodique d'un tube de Crookes." In: *Comptes rendus* **1896**, *122*, 762-767 – http://gallica.bnf.fr/ark:/12148/bpt6k30780.image.f764.

[10] H. Becquerel, "Émission de radiations nouvelles par l'uranium métallique." In: *Comptes rendus* **1896**, *122*, 1086-1088 – http://gallica.bnf.fr/ark:/12148/bpt6k30780.image.f1088.

[11] H. Becquerel, "Note sur quelques propriétés du rayonnement de l'uranium et des corps radio-actifs." In: *Comptes rendus* **1899**, *128*, 771 – http://gallica.bnf.fr/ark:/12148/bpt6k30841.image.f771.

[12] J. Elster, H. Geitel, "Versuche über Hyperphosphorescenz." In: *Beiblätter zu den Annalen der Physik und Chemie* **1897**, *21*, 455.

[13] M. Skłodowska-Curie, "Les rayons de Becquerel et le Polonium." In: *Revue générale des sciences pures et appliquées* **1899**, *10*, 41-50.

[14] G. C. Schmidt, "Ueber die von den Thorverbindungen und einigen anderen Substanzen ausgehende Strahlung." In: *Annalen der Physik und Chemie* **1898**, *65*, 141-151 – http://gallica.bnf.fr/ark:/12148/bpt6k153068.image.f149.

[15] M. Skłodowska-Curie, "Rayons émis par les composés de l'uranium et du thorium." In: *Comptes rendus* **1898**, *126*, 1101-1103 – http://gallica.bnf.fr/ark:/12148/bpt6k3082d.image.f1101.

[16] P. Curie, M. Skłodowska-Curie, "Sur une substance nouvelle radio-active, contenue dans la pechblende" In: *Comptes rendus* **1898**, *127*, 175 – http://gallica.bnf.fr/ark:/12148/bpt6k3083q.image.f177.

[17] E. Rutherford, "Uranium radiation and the electrical conduction produced by it" In: *Philosophical Magazine* **1899**, *47*, 109-163.

[18] G. Sagnac, "Sur la transformation des rayons X par les métaux" In: *Comptes rendus* **1897**, *125*, 230-231 – http://gallica.bnf.fr/ark:/12148/bpt6k30813.image.f230.

[19] G. Sagnac, "Émission de rayons secondaires par l'air sous l'influence des rayons X" In: *Comptes rendus* **1898**, *126*, 521 – http://gallica.bnf.fr/ark:/12148/bpt6k3082d.image.f521.

[20] G. Sagnac, "Émission de différents rayons inégalement absorbables, dans la transformation des rayons X par un même corps" In: *Comptes rendus* **1899**, *128*, 300-303 – http://gallica.bnf.fr/ark:/12148/bpt6k30841.image.f300.

[21] G. Sagnac, "Sur la transformation des rayons X par les différents corps" In: *Comptes rendus* **1899**, *128*, 546-552 – http://gallica.bnf.fr/ark:/12148/bpt6k30841.image.f546.

[22] H. Becquerel, "Sur la loi de la décharge dans l'air de l'uranium électrisé" In: *Comptes rendus* **1897**, *124*, 800-803 – http://gallica.bnf.fr/ark:/12148/bpt6k3080s.image.f800.

[23] Kelvin, Beattie, Smoluchowski, "On the Conductive Effect Produced in Air by Röntgen Rays and by Ultra-Violet Light" In: *Nature* **1897**, *55*, 343-347.

[24] Beattie, Smoluchowski, "Conductance produced in Gases by Röntgen Rays, by Ultra-Violet Light, and by Uranium, and some consequences thereof" In: *Philosophical Magazine* **1897**, *43*, 418-439.

[25] J. S. Townsend, "The conductivity produced in gases by the motion of negatively charged ions." In: *Philosophical Magazine* **1901**, *1*, 198-227 – http://dx.doi.org/10.1080/14786440109462605.

[26] R. B. Owens, "Thorium radiation" In: *Philosophical Magazine* **1899**, *45*, 360-387 – http://dx.doi.org/10.1080/14786449908621345.

[27] E. Rutherford, "A radio-active substance emitted from thorium compounds" In: *Philosophical Magazine* **1900**, *49*, 1-14 – http://dx.doi.org/10.1080/14786440009463821.

[28] J. und G. H. Elster, "Ueber Ozonbildung an glühenden Platinflächen und das electrische Leitungsvermögen der durch Phosphor ozonisirten Luft" In: *Annalen der Physik und Chemie* **1890**, *275*, 321-331 – http://dx.doi.org/10.1002/andp.18902750302.

[29] E. Bloch, "L'ionisation par le phosphore et par les actions chimiqes" In: *Bulletin des séances de la Société Française de physique* **1904**, 187-201.

[30] H. Debray, "Mémoire sur la production d'un certain nombre de phosphates et d'arséniates cristallisés" In: *Annales de chimie et de physique* **1861**, *61*, 419-455 – http://gallica.bnf.fr/ark:/12148/bpt6k34802f.image.f418.

[31] P. Curie, M. Skłodowska-Curie, G. Bémont, "Sur une nouvelle substance fortement radio-active, contenue dans la pechblende" In: *Comptes rendus* **1898**, *127*, 1215-1217 – http://gallica.bnf.fr/ark:/12148/bpt6k3083q.image.f1217.

[32] A.-L. Debierne, "Sur une nouvelle matière radio-active" In: *Comptes rendus* **1899**, *129*, 593-595 – http://gallica.bnf.fr/ark:/12148/bpt6k3085b.image.f593.

[33] A.-L. Debierne, "Sur un nouvel élément radio-actif: l'actinium" In: *Comptes rendus* **1900**, *130*, 906-908 – http://gallica.bnf.fr/ark:/12148/bpt6k3086n.image.f906.

[34] F. Giesel, "Über radioactive Stoffe" In: *Berichte der deutschen chemischen Gesellschaft* **1900**, *33*, 3569-3571 – http://gallica.bnf.fr/ark:/12148/bpt6k90757q.image.f782.

[35] F. Giesel, "Über radioactive Stoffe" In: *Berichte der deutschen chemischen Gesellschaft* **1901**, *34*, 3772-3776 – http://dx.doi.org/10.1002/cber.19010340382.

[36] H. und Strauss, "Radioactives Blei und radioactive seltene Erden" In: *Berichte der deutschen chemischen Gesellschaft* **1900**, *33*, 3126 – http://gallica.bnf.fr/ark:/12148/bpt6k90757q.image.f339.

[37] E.-A. Demarçay, "Sur le spectre d'une substance radio-active" In: *Comptes rendus* **1898**, *127*, 1218 – http://gallica.bnf.fr/ark:/12148/bpt6k3083q.image.f1220.

[38] E.-A. Demarçay, "Sur le spectre du Radium" In: *Comptes rendus* **1899**, *129*, 716-717 – http://gallica.bnf.fr/ark:/12148/bpt6k3085b.image.f716.

[39] E.-A. Demarçay, "Sur le spectre du radium" In: *Comptes rendus* **1900**, *131*, 258-259 – http://gallica.bnf.fr/ark:/12148/bpt6k3087z.image.f258.

[40] F. Giesel, "Über Radiumbromid und sein Flammenspektrum" In: *Physikalische Zeitschrift* **1902**, *3*, 614-615.

[41] F. Giesel, "Ueber Polonium und die inducirende Eigenschaft des Radiums" In: *Berichte der deutschen chemischen Gesellschaft* **1903**, *36*, 2368-2370 – http://dx.doi.org/10.1002/cber.190303602168.

[42] W. Marckwald, "Ueber das radioactive Wismuth (Polonium)" In: *Berichte der deutschen chemischen Gesellschaft* **1902**, *35*, 2285-2288 – http://dx.doi.org/10.1002/cber.190203502189.

[43] M. Skłodowska-Curie, "Sur le poids atomique du métal dans le chlorure de baryum radifère" In: *Comptes rendus* **1899**, *129*, 760-762 – http://gallica.bnf.fr/ark:/12148/bpt6k3085b.image.f760.

[44] M. Skłodowska-Curie, "Sur la pénétration des rayons de Becquerel non déviables par le champ magnétique" In: *Comptes rendus* **1900**, *130*, 76-79 – http://gallica.bnf.fr/ark:/12148/bpt6k3086n.image.f76.

[45] M. Curie, "Sur le poids atomique du radium" In: *Comptes rendus* **1902**, *135*, 161-163.

[46] P. Curie, Chenevau, In: *Bulletin des séances de la Société Française de physique* **1903**.

[47] S. Meyer, "Magnetisirungszahlen anorganischer Verbindungen" In: *Annalen der Physik und Chemie* **1899**, *69*, 236-263 – http://gallica.bnf.fr/ark:/12148/bpt6k15310h.image.f246.

[48] F. Giesel, "Ueber die Ablenkbarkeit der Becquerelstrahlen im magnetischen Felde" In: *Annalen der Physik und Chemie* **1899**, *69*, 834-836 – http://gallica.bnf.fr/ark:/12148/bpt6k15310h.image.f882.

[49] S. Meyer, E. Schweidler, "Über das Verhalten von Radium und Polonium im magnetischen Felde" In: *Anzeiger der kaiserl. Akad. d. Wiss. Wien, mathem.-naturw. Kl.* **1899**, *22*, 1-4.

[50] S. Meyer, E. Schweidler, "Weitere Notizen über das Verhalten von Radium im magnetischen Felde" In: *Anzeiger der kaiserl. Akad. d. Wiss. Wien, mathem.-naturw. Kl.* **1899**, *23*, 1-2.

[51] S. Meyer, E. Schweidler, "Über das Verhalten von Radium und Polonium im magnetischen Felde (I. Mitteilung)" In: *Physikalische Zeitschrift* **1899**, *1*, 90-91.

[52] S. Meyer, E. Schweidler, "Über das Verhalten von Radium und Polonium im magnetischen Felde (II. Mitteilung)" In: *Physikalische Zeitschrift* **1899**, *1*, 113-114.

[53] J. Elster, H. Geitel, "Über den Einfluß eines magnetischen Feldes auf die durch die Becquerelstrahlen bewirkte Leitfähigkeit der Luft" In: *Verhandlungen der Deutschen Physikalischen Gesellschaft* **1899**, *1*, 136-138.

[54] P. Curie, "Action du champ magnétique sur les rayons de Becquerel. Rayons déviés et non déviés" In: *Comptes rendus* **1900**, *130*, 73-75 – http://gallica.bnf.fr/ark:/12148/bpt6k3086n.image.f73.

[55] H. Becquerel, "Contribution à l'étude du rayonnement du radium" In: *Comptes rendus* **1900**, *130*, 206-211 – http://gallica.bnf.fr/ark:/12148/bpt6k3086n.image.f206.

[56] H. Becquerel, "Sur la dispersion du rayonnement du radium dans un champ magnétique" In: *Comptes rendus* **1900**, *130*, 372-376 – http://gallica.bnf.fr/ark:/12148/bpt6k3086n.image.f372.

[57] H. Becquerel, "Déviation du rayonnement du radium dans un champ électrique" In: *Comptes rendus* **1900**, *130*, 809-815 – http://gallica.bnf.fr/ark:/12148/bpt6k3086n.image.f809.

[58] J. Perrin, "Nouvelles propriétés des rayons cathodiques" In: *Comptes rendus* **1895**, *121*, 1130-1134 – http://gallica.bnf.fr/ark:/12148/bpt6k3077p.image.f1130.

[59] J. Perrin, "Rayons cathodiques et rayons de Röntgen. Étude expérimentale" In: *Annales du chimie et physique* **1897**, *11*, 496-555 – http://gallica.bnf.fr/ark:/12148/bpt6k34911p.image.f494.

[60] P. Lenard, "Ueber die electrostatischen Eigenschaften der Kathodenstrahlen" In: *Annalen der Physik und Chemie* **1898**, *64*, 279-289 – http://gallica.bnf.fr/ark:/12148/bpt6k15305x.image.f291.

[61] P. Curie, M. Curie, "Sur la charge électrique des rayons déviables du radium" In: *Comptes rendus* **1900**, *130*, 647-653 – http://gallica.bnf.fr/ark:/12148/bpt6k3086n.f647.

[62] W. Wien, In: *Physikalische Zeitschrift* **1903**, *4*, 624.

[63] E. Dorn, "Eine merkwürdige Beobachtung mit Radium." In: *Physikalische Zeitschrift* **1903**, *4*, 507.

[64] E. Dorn, In: *Abh. d. naturf. Ges. zu Halle* **1900**, *22*, 44.

[65] W. Kaufmann, "Die magnetische und elektrische Ablenkbarkeit der Becquerelstrahlen und die scheinbare Masse der Elektronen." In: *Gött. Nachr.* **1901**, 143-155.

[66] W. Kaufmann, "Die elektromagnetische Masse des Elektrons." In: *Gött. Nachr.* **1902**, 291-296.

[67] W. Kaufmann, "Die elektromagnetische Masse des Elektrons." In: *Physikalische Zeitschrift* **1902**, 54-57.

[68] W. Kaufmann, "Über die elektromagnetische Masse der Elektronen." In: *Gött. Nachr.* **1903**, 90-103.

[69] J. J. Thomson, "On the charge of electricity carried by the ions produced by Röntgen rays" In: *Philosophical Magazine* **1898**, *48*, 528-545 – http://dx.doi.org/10.1080/14786449808621229.

[70] J. S. Townsend, "The Diffusion of Ions Produced in Air by the Action of a Radio-Active Substance,..." In: *Philosophical Transactions* **1900**, *195*, 259-278 – http://dx.doi.org/10.1098/rsta.1900.0028.

[71] M. Abraham, "Dynamik des Elektrons." In: *Gött. Nachr.* **1902**, 20-41.

[72] P. Langevin, *Recherches Sur Les Gaz Ionisés*, **1902**.

[73] S. Simon, "Ueber das Verhältniss der elektrischen Ladung zur Masse der Kathodenstrahlen" In: *Annalen der Physik und Chemie* **1899**, *69*, 589-611 – http://gallica.bnf.fr/ark:/12148/bpt6k15310h.image.f617.

[74] E. Rutherford, "The magnetic and electrical deflection of the lightly absorbed radium radiation." In: *Physikalische Zeitschrift* **1902**, *4*, 235-240.

[75] H. Becquerel, "Sur la déviabilité magnétique et la nature de certains rayons émis par le radium et le polonium" In: *Comptes rendus* **1903**, *136*, 199-203 – http://gallica.bnf.fr/ark:/12148/bpt6k3091c.image.f199.

[76] H. Becquerel, "Sur le rayonnement du polonium et du radium" In: *Comptes rendus* **1903**, *136*, 431-434 – http://gallica.bnf.fr/ark:/12148/bpt6k3091c.image.f431.

[77] T. des Coudres, "Zur Elektrostatischen Ablenkbarkeit der Rutherfordstrahlen" In: *Physikalische Zeitschrift* **1903**, *4*, 483.

[78] P. Villard, "Sur la réflexion et la réfraction des rayons cathodiques et des rayons déviables du radium" In: *Comptes rendus* **1900**, *130*, 1010-1012 – http://gallica.bnf.fr/ark:/12148/bpt6k3086n.image.f1010.

[79] T. des Coudres, In: *Physikalische Zeitschrift* **1902**, *4*, 140.

[80] H. Becquerel, in *Rapports Présentés Au Congrès International De Physique*, **1900**, pp. 47-78.

[81] S. Meyer, E. Schweidler, "Versuche über die Absorption von Radiumstrahlen" In: *Physikalische Zeitschrift* **1900**, *1*, 209-211.

[82] H. Becquerel, "Sur la transmission du rayonnement du radium au travers des corps" In: *Comptes rendus* **1900**, *130*, 979-984 – http://gallica.bnf.fr/ark:/12148/bpt6k3086n.image.f979.

[83] H. Becquerel, "Sur la transparence de l'aluminium pour le rayonnement du radium" In: *Comptes rendus* **1900**, *130*, 1154-1157 – http://gallica.bnf.fr/ark:/12148/bpt6k3086n.image.f1154.

[84] E. Rutherford, H. T. Brooks, "Comparison of the radiations from radioactive substances" In: *Philosophical Magazine* **1902**, *4*, 1-23 – http://dx.doi.org/10.1080/14786440209462814.

[85] W. Crookes, "Certain Properties of the Emanations of Radium" In: *Chemical News* **1903**, *87*, 241.

[86] H. Becquerel, "Sur la phosphorescence scintillante que présentent certaines substances sous l'action des rayons du radium" In: *Comptes rendus* **1903**, *137*, 629.

[87] H. Siedentopf, R. Zsigmondy, "Uber Sichtbarmachung und Größenbestimmung ultramikoskopischer Teilchen, mit besonderer Anwendung auf Goldrubingläser" In: *Annalen der Physik und Chemie* **1902**, *315*, 1-39 – http://dx.doi.org/10.1002/andp.19023150102.

[88] G. Leithäuser, E. Warburg, "Über den Geschwindigkeitsverlust, welchen die Kathodenstrahlen beim Durchgang durch dünne Metallschichten erleiden" In: *Sitzungsberichte der Königlich Preussischen Akademie der Wissenschaften zu Berlin. Phys.-math.Klasse* **1902**, *1*, 267-269.

[89] G. Sagnac, *De L'optique Des Rayons De Röntgen Et Des Rayons Secondaires Qui En Dérivent ...*, **1900**.

[90] P. Curie, G. Sagnac, "Électrisation négative des rayons secondaires produits au moyen des rayons Röntgen" In: *Comptes rendus* **1900**, *130*, 1013-1016 – http://gallica.bnf.fr/ark:/12148/bpt6k3086n.f1013.

[91] E. Dorn, "Versuche über Sekundärstrahlen" In: *Archives néerlandaises des sciences exactes et naturelles* **1900**, *5*, 595-608.

[92] P. Curie, "Conductibilité des diélectriques liquides sous l'influence des rayons du radium et des rayons de Röntgen" In: *Comptes rendus* **1902**, *134*, 420-423 – http://gallica.bnf.fr/ark:/12148/bpt6k30902.image.f420.

[93] H. Becquerel, "Conductibilité et ionisation résiduelle de la paraffine solide sous l'influence du rayonnement du radium" In: *Comptes rendus* **1903**, *136*, 1173-1176 – http://gallica.bnf.fr/ark:/12148/bpt6k3091c.image.f1173.

[94] A. Becker, "Über die Leitfähigkeit fester Isolatoren unter dem Einfluss von Radiumstrahlen" In: *Annalen der Physik und Chemie* **1903**, *12*, 124-143 – http://gallica.bnf.fr/ark:/12148/bpt6k153215.image.f132.

[95] Kelvin, Beattie, Smoluchowski, "Electric equilibrium between uranium and an insulated metal in its neighbourhood" In: *Nature* **1897**, *55*, 447-448.

[96] J. Perrin, "Application des rayons de Röntgen à la mesure des forces électromotrices de contact" In: *Comptes rendus* **1897**, *124*, 496-498 – http://gallica.bnf.fr/ark:/12148/bpt6k3080s.image.f496.

[97] J. Perrin, *Rayons Cathodiques Et Rayons De Röntgen*, **1897**.

[98] A. Paulsen, in *Rapports Présentés Au Congrès International De Physique*, **1900**, p. 438.

[99] M.-A. Witkowski, "Note sur l'électricité atmosphérique à Zakopane dans les Tatras" In: *Bull. de l'Académie des Sciences de Cracovie* **1902**.

[100] P. Bary, "Fluorescence de certains composés métalliques soumis aux rayons Röntgen et Becquerel" In: *Comptes rendus* **1900**, *130*, 776-778 – http://gallica.bnf.fr/ark:/12148/bpt6k3086n.image.f776.

[101] Curie, In: *Bulletin des séances de la Société Française de physique* **1099**.

[102] F. Giesel, "Einiges über das Verhalten des radioactiven Baryts und über Polonium" In: *Annalen der Physik und Chemie* **1899**, *69*, 91-94 – http://gallica.bnf.fr/ark:/12148/bpt6k15310h.image.f101.

[103] P. Curie, A. Laborde, "Sur la chaleur dégagée spontanément par les sels de radium" In: *Comptes rendus* **1903**, *136*, 673-675 – http://gallica.bnf.fr/ark:/12148/bpt6k3091c.image.f673.

[104] P. Curie, M. Curie, "Effets chimiques produits par les rayons de Becquerel" In: *Comptes rendus* **1899**, *129*, 823-825 – http://gallica.bnf.fr/ark:/12148/bpt6k3085b.image.f823.

[105] F. Giesel, "Über künstliche Färbung von Krystallen der Haloïdsalze der Alkalimetalle durch Einwirkung von Kalium- und Natriumdampf" In: *Berichte der deutschen chemischen Gesellschaft* **1897**, *30*, 156-158 – http://gallica.bnf.fr/ark:/12148/bpt6k907462.image.f160.

[106] F. Giesel, "Ueber den Emanationskörper aus Pechblende und über Radium" In: *Berichte der deutschen chemischen Gesellschaft* **1903**, *36*, 342-347 – http://dx.doi.org/10.1002/cber.19030360177.

[107] W. Ramsay, F. Soddy, "Versuche über Radioaktivität und die Entstehung von Helium aus Radium" In: *Physikalische Zeitschrift* **1903**, *4*, 651.

[108] W. Ramsay, F. Soddy, "Experiments in radio-activity, and the production of helium from radium" In: *Nature* **1903**, *68*, 354-355.

[109] W. Ramsay, F. Soddy, "Experiments in Radioactivity, and the Production of Helium from Radium" In: *Proc R Soc Lond* **1903**, *72*, 204-207 – http://dx.doi.org/10.1098/rspl.1903.0040.

[110] O. Walkhoff, "Unsichtbare, photographisch wirksame Strahlen" In: *Photographische Rundschau* **1900**, *28*, 189-191 – http://de.wikisource.org/wiki/Unsichtbare,_photographisch_wirksame_Strahlen.

[111] H. Becquerel, "Sur quelques effets chimiques produits par le rayonnement du radium" In: *Comptes rendus* **1901**, *132*, 709-712 – http://gallica.bnf.fr/ark:/12148/bpt6k3089k.image.langFR.f709.

[112] F. Himstedt, W. A. Nagel, "Ueber die Einwirkung der Becquerel- und der Röntgenstrahlen auf das Auge" In: *Ann. d. Phys. (4)* **1901**, *4*, 537-552 – http://gallica.bnf.fr/ark:/12148/bpt6k15314w.image.f619.

[113] E. Aschkinass, W. Caspari, "Ueber die Wirkung der Becquerelstrahlen auf Bacterien" In: *Ann. d. Phys. (4)* **1901**, *6*, 570-574 – http://gallica.bnf.fr/ark:/12148/bpt6k15316k.image.f583.

[114] M. J. Danysz, "De l'action pathogène des rayons et des émanations émis par le radium sur différents tissus et différents organismes" In: *Comptes rendus* **1903**, *136*, 461-464 – http://gallica.bnf.fr/ark:/12148/bpt6k3091c.image.f461.

[115] P. Curie, In: *Bulletin des séances de la Société Française de physique* **1900**.

[116] P. Curie, M. Curie, "Sur la radio-activité provoquée par les rayons de Becquerel" In: *Comptes rendus* **1899**, *129*, 714-716 – http://gallica.bnf.fr/ark:/12148/bpt6k3085b.image.f714.

[117] E. Rutherford, "Radioactivity produced in Substances by the action of Thorium Compounds" In: *Philosophical Magazine* **1900**, *49*, 161-192.

[118] A.-L. Debierne, "Sur la radioactivité induite provoquée par les sels d'actinium" In: *Comptes rendus* **1903**, *136*, 446-449 – http://gallica.bnf.fr/ark:/12148/bpt6k3091c.image.f446.

[119] P. Curie, A.-L. Debierne, "Sur la radio-activité induite provoquée par les sels de radium" In: *Comptes rendus* **1901**, *132*, 548-551 – http://gallica.bnf.fr/ark:/12148/bpt6k30888.image.f584.

[120] P. Curie, M. Curie, in *Rapports Présentés Au Congrès International De Physique*, **1900**, pp. 79-114.

[121] P. Curie, J. Danne, "Sur la disparition de la radioactivité induite par le radium sur les corps solides" In: *Comptes rendus* **1903**, *136*, 364-366 – http://gallica.bnf.fr/ark:/12148/bpt6k3091c.image.f364.

[122] A.-L. Debierne, "Sur la production de la radioactivité induite par l'actinium" In: *Comptes rendus* **1903**, *136*, 671-673 – http://gallica.bnf.fr/ark:/12148/bpt6k3091c.image.f671.

[123] P. Curie, In: *Comptes rendus* **1902**, *135*, 857.

[124] P. Curie, J. Danne, "Sur l'émanation du radium et son coefficient de diffusion dans l'air" In: *Comptes rendus* **1903**, *136*, 1314-1316 – http://gallica.bnf.fr/ark:/12148/bpt6k3091c.image.f1314.

[125] E. Rutherford, F. Soddy, "Condensation of the radioactive emanations" In: *Philosophical Magazine (6)* **1903**, *5*, 561-576 – http://dx.doi.org/10.1080/14786440309462959.

[126] E. Rutherford, F. Soddy, "The cause and nature of radioactivity. Part II" In: *Philosophical Magazine (6)* **1902**, *4*, 569-585 – http://dx.doi.org/10.1080/14786440209462881.

[127] E. Rutherford, F. Soddy, "A comparative study of the radioactivity of radium and thorium" In: *Philosophical Magazine (6)* **1903**, *5*, 445-457 – http://dx.doi.org/10.1080/14786440309462943.

[128] P. Curie, A.-L. Debierne, "Sur la radio-activité des sels de radium" In: *Comptes rendus* **1901**, *133*, 276-279 – http://gallica.bnf.fr/ark:/12148/bpt6k3089k.image.f276.

[129] P. Curie, "Sur la radioactivité induite et sur l'émanation du radium" In: *Comptes rendus* **1903**, *136*, 223-226 – http://gallica.bnf.fr/ark:/12148/bpt6k3091c.image.f223.

[130] F. Giesel, "Einiges über Radium-Baryum-Salze und deren Strahlen" In: *Verhandlungen der deutschen physikalischen Gesellschaft* **1900**, *2*, 9-10.

[131] A.-L. Debierne, "Sur du baryum radio-actif artificiel" In: *Comptes rendus* **1900**, *131*, 333-335 – http://gallica.bnf.fr/ark:/12148/bpt6k3087z.image.f333.

[132] E. Rutherford, F. Soddy, "Die Ursache und Natur der Radioactivität I" In: *Zeitschrift für physikalische Chemie* **1902**, *42*, 81-109.

[133] P. Villard, In: *Bulletin des séances de la Société Française de physique* **1900**.

[134] J. C. McLennan, "On a kind of radioactivity imparted to certain salts by cathode rays" In: *Philosophical Magazine (6)* **1902**, *3*, 195-203 – http://dx.doi.org/10.1080/14786440209462754.

[135] A. Heydweiller, "Zeitliche Gewichtsänderungen radioaktiver Substanz" In: *Physikalische Zeitschrift (4)* **1902**, *2*, 81.

[136] J. und G. H. Elster, "Versuche an Becquerelstrahlen" In: *Annalen der Physik und Chemie* **1898**, *302*, 735-740 – http://dx.doi.org/10.1002/andp.18983021209.

---

1. Man erreicht dieses Resultat leicht, indem man das Gewicht in der Hand hält, und es nur ganz allmählich auf die Platte H niedersinken läßt, so daß man den Lichtzeiger des Elektrometers auf Null erhält. Mit ein wenig Übung erlangt man leicht den hierzu nötigen Handgriff. Diese Methode zur Messung schwacher Ströme ist von Herrn J. *Curie* in seiner Doktorarbeit beschrieben worden. ↩

2. Ich bin den genannten Forschern, denen ich die bei meinen Untersuchungen benutzten Proben verdanke, zu großem Danke verpflichtet. Ich danke auch Herrn *Moissan*, der mir das für meine Versuche nötige metallische Uran gab. ↩

3. Neuere Versuche (siehe litterarische Ergänzungen) haben ergeben, daß die Radioaktivität doch allgemein verbreitet zu sein scheint. Die in Frage kommenden Aktivitäten sind jedoch mehrere 1000mal schwächer als die des Urans. (Anmerk. d. Übers.) ↩

4. Mehrere Mineralproben sind mir aus der Museumssammlung durch Herrn *Lacroix* freundlichst zur Verfügung gestellt worden. ↩

5. Wir haben zahlreiche Verpflichtungen gegen alle, die uns bei dieser Arbeit zu Hülfe gekommen sind. Wir danken herzlich den Herren *Mascart* und *Michel Lévy* für ihre wohlwollende Unterstützung. Dank der freundlicher Vermittlung des Herrn Prof. *Sueß* hat die österreichische Verwaltung in liebenwürdigster Weise die erste Tonne vorbehandelter Rückstände zu unsrer Verfügung gestellt (aus der Staatswerkstatt Joachimsthal in Böhmen). Die Akademie der Wissenschaften zu Paris, die »Société d'Encouragement pour l'industrie nationale« und ein anonymer Geber haben uns die Mittel zur Behandlung einer gewissen Quantität von Substanz gegeben. Unser freund, Herr *Debierne*, hat die Behandlung des Minerals geleitet, die in der Fabrik der »Société centrale de produits chimiques« ausgeführt wurde. Diese Gesellschaft hatte sich bereit

erklärt, die Behandlung ohne Nutzen für sich auszuführen. Allen diesen sprechen wir unsren aufrichtigsten Dank aus.

Ganz neuerdings hat das »Institut de France« 20 000 Frcs. zur Extraktion radioaktiver Substanzen zu unsrer Verfügung gestellt. Dank dieser Summe konnten wir die Behandlung von fünf Tonnen Mineral unternehmen. ↩

6. Wir hatten kürzlich den Schmerz, diesen ausgezeichneten Gelehrten zu verlieren, mitten in seinen schönen Untersuchungen über die seltenen Erden und die Spektroskopie, deren Methoden man wegen ihrer Vollendung und Präcision nicht genug bewundern kann. Wir bewahren der vollendeten Liebenswürdigkeit, mit der er an unsrer Arbeit teilgenommen hat, ein inniges Andenken. ↩

7. Siehe auch neuere Versuche von *F. Giesel*.[41] (Anm. d. Übers.) ↩

8. Im Jahre 1899 teilte Herr *St. Meyer*[47] mit, daß radiumhaltiges Baryumkarbonat paramagnetisch sei. Herr Meyer hatte jedoch mit einem sehr wenig Radium enthaltenden Präparat gearbeitet, dessen Gehalt an Radium wahrscheinlich höchstens ein Tausendstel betrug. Das Präparat hätte sich demnach diamagnetisch zeigen müssen. Wahrscheinlich enthielt der Körper eine kleine eisenhaltige Verunreinigung. ↩

9. Siehe auch *Elster* und *Geitel*.[53] ↩

10. Genau gesagt, bemerkt man bei diesen Versuchen immer eine Ablenkung am Elektrometer, doch kann man leicht feststellen, daß diese Ablenkung die Wirkung der elektromotorischen Kontaktkraft ist, die zwischen der mit dem Elektrometer verbundenen Platte und den benachbarten Leitern besteht; infolge der Leitfähigkeit der von den Radiumstrahlen durchstrahlten Luft bringt diese Kraft eine Ablenkung des Elektrometers hervor. ↩

11. Die Anbringung des *Faraday*schen Cylinders ist nicht notwendig, sie könnte jedoch gewisse Vorteile bieten, falls die Strahlung von den getroffenen Wänden eine starke diffuse Zersetzung erführe. Man könnte dann hoffen, die etwa vorhandenen diffus zerstreuten Strahlen aufzufangen und auszunutzen. ↩

12. Versuche im Vakuum hat neuerdings Herr W. *Wien* ausgeführt[62]. (Anm. d. Übers.) ↩

13. Die isolirende Schicht muß völlig kontinuirlich sein. Jede luftgefüllte Spalte, die von dem inneren Leiter bis zur metallischen Hülle reicht, giebt zu einem Stroms Veranlassung, der von den

Kontaktelektromotorischen Kräften herrührt und die durch das Radium leitend gemachte Luft durchfließt. ↩

14. In Wirklichkeit wird wegen der stets unvollkommenen Isolation schon bei schwächeren Ladungen ein stationärer Zustand erreicht. (Anm. d. Übers.) ↩
15. Siehe auch [63]. ↩
16. Einige Ausführungen über diesen Gegenstand sowie eine sehr vollständige Untersuchung über die geladenen Centra (Eiektronen oder Korpuskeln) nebst Citaten der zugehörigen Arbeiten befindet sich in der Dissertation von Herrn *Langevin*[72]. ↩
17. Berechnet nach [68], Tab. III. ↩
18. wenn solche beobachtet wären. (Anm. des Übersetzers) ↩
19. S. a. *des Coudres*[77] (Anm. d. Übers.) ↩
20. Über die Deutung dieser Erscheinung s. a. eine neuere Arbeit von H. *Becquerel*[86], der das blitzartige Aufleuchten durch Umwandlungsvorgänge in den bestrahlten Krystallen und dadurch verursachte elektrische Entladungen erklärt. (Anm. d. Übers.) ↩
21. Versuche über Leitfähigkeit fester Isolatoren bei Bestrahlung mit Radiumstrahlen sind von H. *Becquerel*[93] und A. *Becker*[94] ausgeführt worden. (Anm. d. Übers.) ↩
22. Über die Spektra der aktiven Gase (`Emanationen") sind neuerdings Untersuchungen von *Ramsay* und *Soddy* ausgeführt worden. Siehe S. 101. (Anm. d. Übers.) ↩
23. Siehe auch weiter unten S. 120. Anm. d. Übers. ↩
24. Die beigeschriebenen römischen Zahlen und Buchstaben beziehen sich auf die entsprechenden Kapitel und Abschnitte des Buches. Wo keine Zahl angegeben, ist der Inhalt allgemeinerer Natur oder eine Ermittelung nicht möglich gewesen. Die hier, sowie im Text des Buches benutzten Abkürzungen für die Namen der Zeitschriften entsprechen den in den "Fortschritten der Physik" gebräuchlichen. ↩